３びきは老人のために食べ物を集めにでかけます。
サルは木に登って
果実をとってきて
老人に食べさせます。
キツネはお墓にいって、
たくさんのお供え物をとってきて老人にあたえました。
しかしウサギは何ももってくることが
できませんでした。
ウサギはなやみ、かくごを決めます。

巻末につづく

TSUKI GAKU

月学

伝説から科学へ

監修／縣秀彦
著／稲葉茂勝

月

巻頭特集

サンタは月から

1968年12月、
NASAの宇宙飛行士３人を乗せたアポロ８号が
人類の新たな歴史をつくった。
彼らは21日に地球から飛びたって
月の軌道に乗るのに成功！
月のまわりをまわった最初の人類になった。

アポロ８号の搭乗員３名。左からジェームズ・ラヴェル、ウィリアム・アンダース、フランク・ボーマン（船長）。

やってくる!?

アポロ8号の月周回飛行計画

1. 地球軌道に乗る
2. 地球軌道から脱出
3. 月遷移軌道に向けてロケットを噴射
4. 月周回軌道に向けて減速
5. 月周回軌道で周回
6. 地球帰還軌道への投入に向けて、エンジン噴射
7. 司令船を切り離し、大気圏に再突入

アポロ8号がはじめて月の裏側に突入。

そこは暗黒の世界だ。

地球との無線交信がとだえる。

宇宙船は、無事なのか？

Credit: NASA

約30分後、表側に出てきた。無事、交信再開。

月をまわった最後の１周で、
アポロ８号が月の裏側から出てきたのは、
ちょうどクリスマスの朝だった。

アメリカの月探査機が撮影した月の裏。

とだえていた交信が回復した瞬間、
宇宙飛行士のジェームズ・ラヴェルは、「サンタクロースがいた」と。
それが、冗談だったのか、ほんとうにサンタがいたのか……？

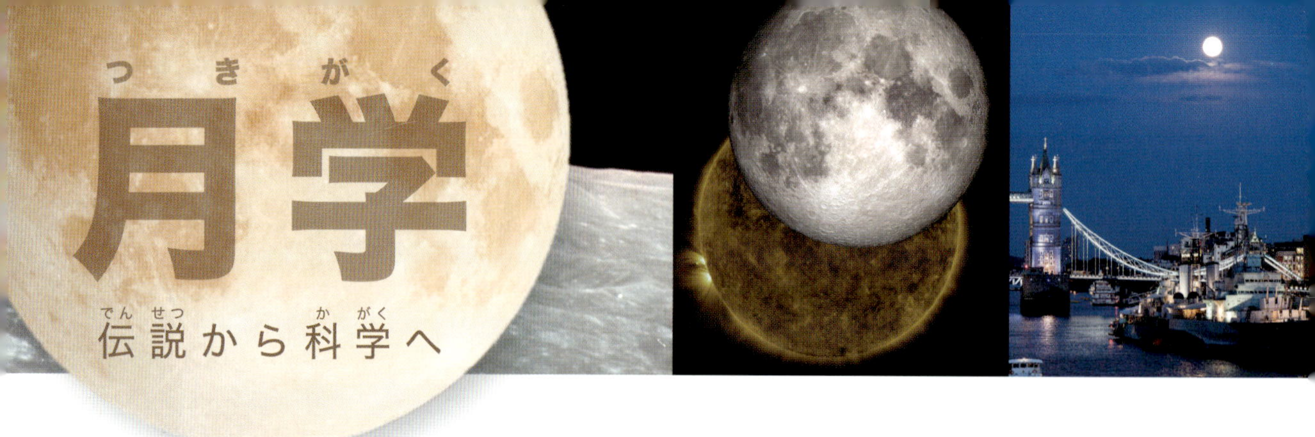

月学
伝説から科学へ

はじめに

わたしたち日本人は、月の模様がウサギに見えるとよくいいます。でも、その背景に、この本の見返しに記した「月伝説」があったとは、ほんとうにおどろきですね。

「月伝説」ができたのも、夜空に特別に大きく光る月が、古代の人びとにとってとても不思議な存在だったからでしょう。

月への人類の興味は、しだいに空想から科学となって、20世紀には、宇宙船に乗って、ついに月に着陸することができました。科学はそこまで進歩したのです。

その一方で、夜空を見あげる機会の少ない、日本の子どもたちのなかには、三日月、半月、満月を、それぞれ「異なった星」だと思う子がいるといった、非科学的な現実もあるのです。

この本の監修をお願いした国立天文台（東京都三鷹市）の縣秀彦先生も、そういう子どもたちに実際に接してきているといいます。

この本は、だれもがいだく月への興味・関心や、月について知りたいことなどを科学的にわかりやすくまとめたものです。また、月への思いや感じる不思議などについても、いろいろなテーマでわかりやすく見ていきます。

ところで、あなたには、月に関する常識がどれほどあるでしょうか。右ページの10の問いは、月に関する基礎知識についてのものです。

本文を読む前に一度チェックしてみましょう。
あなたは、これらの問いのうち、いくつ答えられますか？

1 地球から月までの距離は？ （→p23）

2 低いところにある満月が高いところの満月より大きく見えるのは、なぜ？ （→p22）

3 「月の出」は、月のどの部分があらわれた瞬間のこと？ （→p24）

4 月齢周期（月の満ち欠けの周期）は、何日か？ （→p12）

5 三日月は、月齢でいうと何日目？ （→p14）

6 上弦の月が出たばかりは、どんな形をしている？ （→p26）

7 月食のときの月と太陽と地球の位置関係は、どうなっているのか？ （→p32）

8 これまでに月面を歩いた人類は、何人いるのか？ （→p39）

9 はじめて月面に到達したのは、どこの国の、なんという宇宙船か？ （→p38）

10 日本が2007年に打ちあげた月周回衛星の名前は？ （→p40）

どうですか。知っているようで知らないことが多いのではないでしょうか。
でも、この本を読めば、これらの問いに答えられるようになりますよ。
さあ、あなたも月についてちょっとはよく知る人になってみてください。

稲葉 茂勝　子どもジャーナリスト
Journalist for children

もくじ

PART 3
月と日本人の心象風景

この本のつかい方

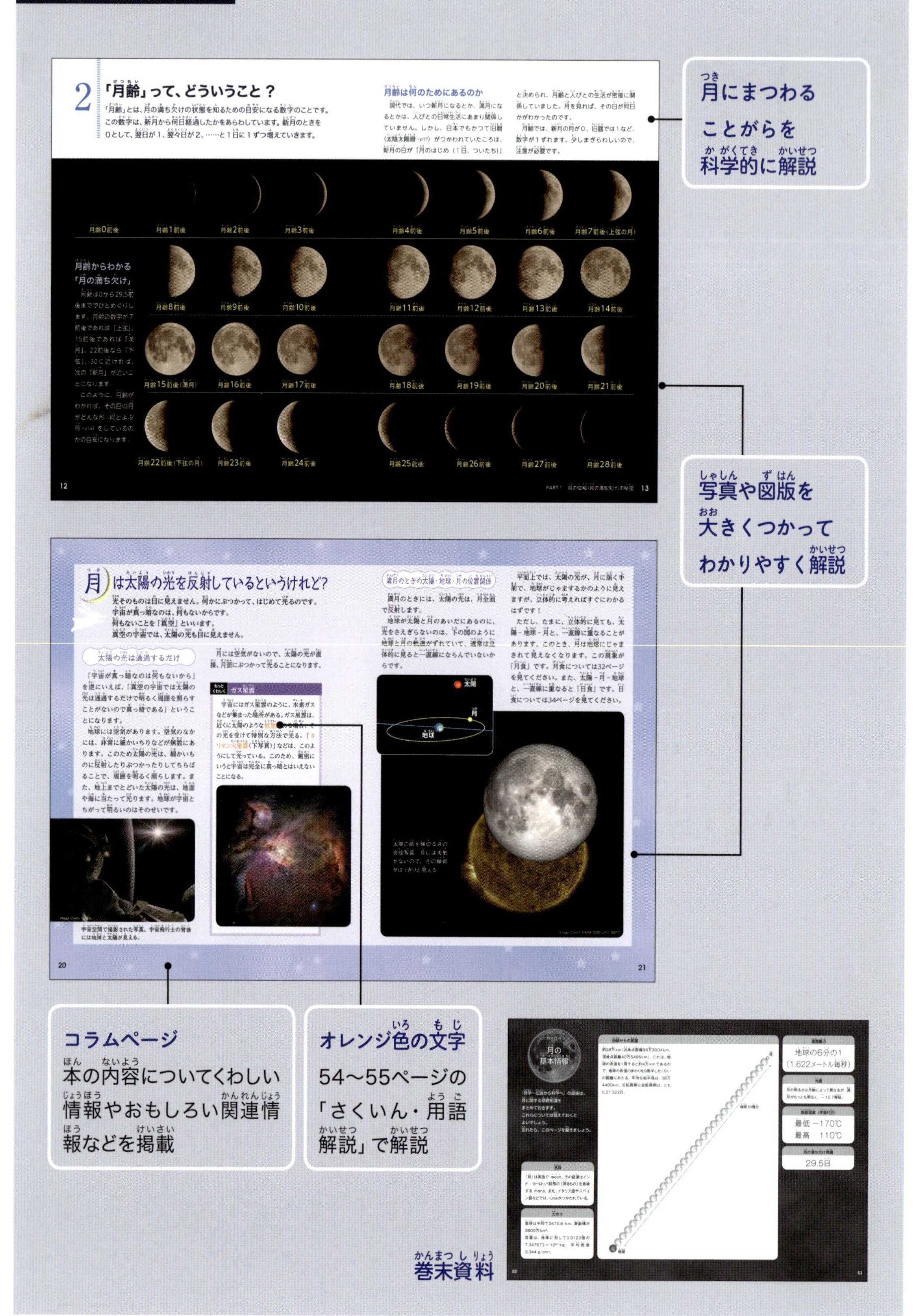

月にまつわることがらを科学的に解説
写真や図版を大きくつかってわかりやすく解説
コラムページ
本の内容についてくわしい情報やおもしろい関連情報などを掲載
オレンジ色の文字
54〜55ページの「さくいん・用語解説」で解説
巻末資料

PART 1

月の位相（月の満ち欠け）の秘密

月は毎日、形が変化して見えます。
この様子を「月の位相（月相）」または「月の満ち欠け」といいます。
月の位相は、月齢（→P12）によって決まります。

1 月の位相（月の満ち欠け）

月は、太陽のようにみずから光を発するのではありません。
太陽からやってくる光を反射して輝いているのです（→p20）。
太陽の光があたるところが、日によって変化しているのです。

「太陽→月→地球」「太陽→地球→月」

月は、下の図のように、地球から見て太陽と同じ方向（太陽→月→地球）にあるときには、月の向こう側が、太陽の光を反射して光っていますが、地球に対しては、暗い面を向けています。このため、月は、地球から真っ暗に見えるのです。このときの月が「新月」です。

でも、月と太陽の方向が少しでもずれると、月は、細い形となって見えてきます。

逆に、月が太陽と反対方向（太陽→地球→月）にある場合、月は太陽の光を反射して輝いている面を地球に向けます。これが「満月」です。満月では、太陽→地球→月の順にならんでいます（→p28）が、１日ずれると、まん丸ではなくなります。

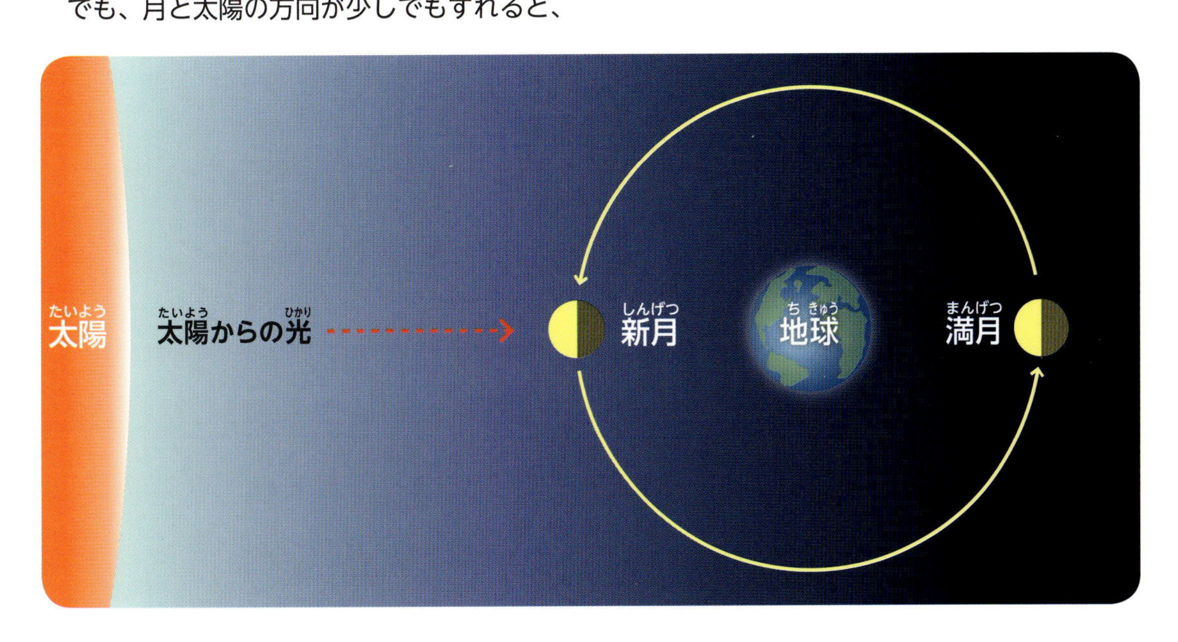

2 「月齢」って、どういうこと？

「月齢」とは、月の満ち欠けの状態を知るための目安になる数字のことです。この数字は、新月から何日経過したかをあらわしています。新月のときを0として、翌日が1、翌々日が2、……と1日に1ずつ増えていきます。

月齢0前後

月齢1前後

月齢2前後

月齢3前後

月齢からわかる「月の満ち欠け」

月齢は0から29.5前後まででひとめぐりします。月齢の数字が7前後であれば「上弦」、15前後であれば「満月」、22前後なら「下弦」、30に近ければ、次の「新月」が近いことになります。

このように、月齢がわかれば、その日の月がどんな形（何とよぶ月→p14）をしているのかの目安になります。

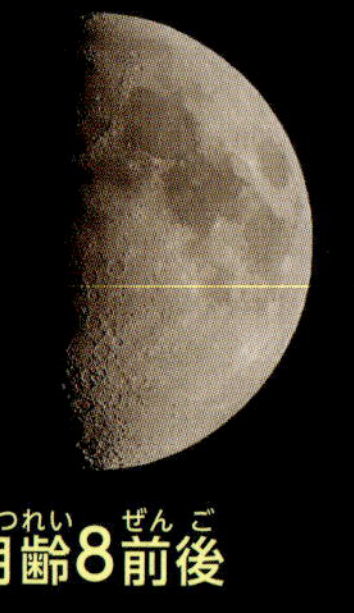

月齢8前後

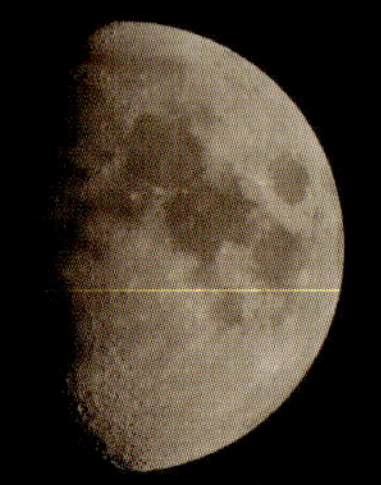

月齢9前後

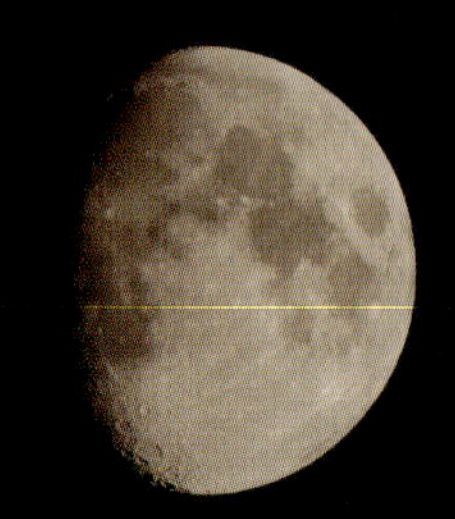

月齢10前後

月齢15前後（満月）

月齢16前後

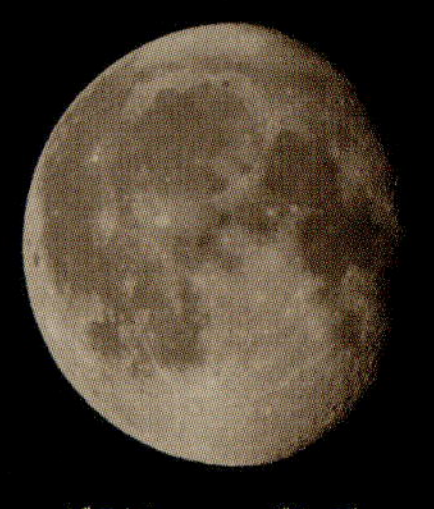

月齢17前後

月齢は何のためにあるのか

現代では、いつ新月になるとか、満月になるとかは、人びとの日常生活にあまり関係していません。しかし、日本でもかつて旧暦（太陰太陽暦→p17）がつかわれていたころは、新月の日が「月のはじめ（1日、ついたち）」と決められ、月齢と人びとの生活が密接に関係していました。月を見れば、その日が何日かがわかったのです。

月齢では、新月の月が0、旧暦では1など、数字が1ずれます。少しまぎらわしいので、注意が必要です。

3 日本の月のよび名

毎日形を変える月にそれぞれの名前をつけてよぶ、
これも日本人の心象風景*をあらわすものということができます。
「三日月」には、ほかに「朏」「初月」「眉月」というよび名もあります。

＊心に浮かんだものや、その人の心の奥にある風景のこと。

月のよび名リスト

居待月の「月の出を立って待つには長すぎるので座って待つ」などは、月を愛し、月に思いを馳せる日本人の姿かもしれません。

ここで、それぞれの月の名にこめられた日本人の心象風景を見てみましょう。

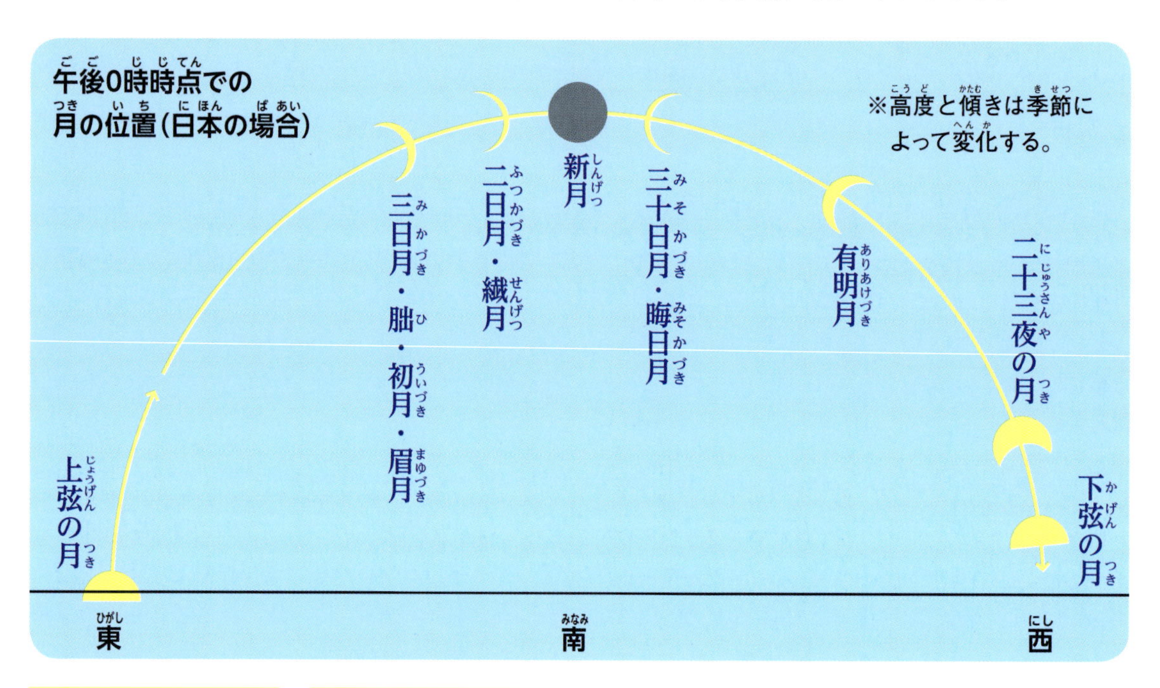

新月（朔）

太陰暦(→p16)で、1日（朔日）とされる月。この日の月は、光らないので見ることはできない。「朔」というよび名は、昔、新月の日を三日月の日からさかのぼって数えたからだといわれている。なお、「新月」という言葉は、明治時代、英語の「new moon」に由来してつけられたといわれる。

二日月・繊月

太陰暦で、2日目（新月の翌日）の月。三日月より細く目立たないので、三日月が新月後の初めての月（初月）とされるが、条件がよければ、日の入り後の西の空に、ほんの少し西側が細く光っている形が見える。

三日月・朏・初月・眉月

太陰暦で、3日目の月。「初月」は、最初に姿を見せる月という意味。月の形が女性の眉の形に似ていることから「眉月」ともいわれる。日の入り後の西の空に、西側が細く光るのが見える。

上弦の月

太陰暦で、7日目ごろの月。「上弦」は、月が夜半に西の地平線に沈むころ、弓の弦の部分を上にした形に見える、西側半分が光る半月であることからそうよばれる。ただし、太陰暦の暦月の上旬の「弦月（半月）」であることから、そうよばれるという説もある。昼ごろに東の空からのぼり、日の入りのころから南の空で見えて真夜中に西に沈む。

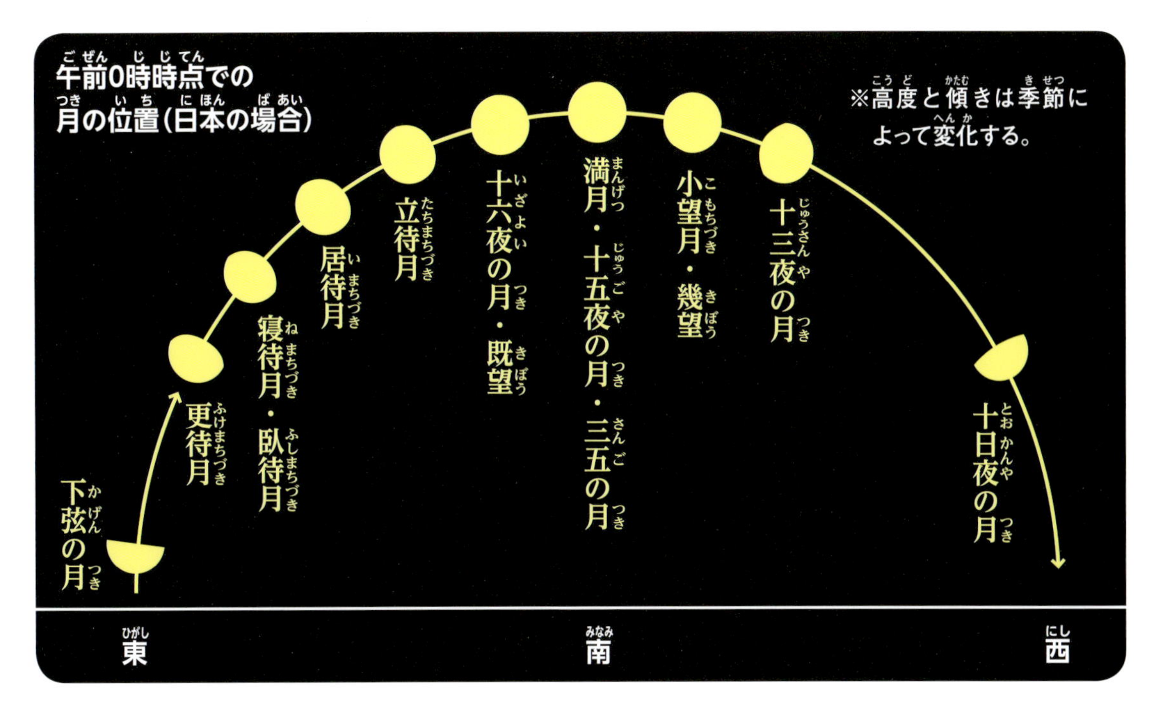

十日夜の月

太陰暦で、10日目の月。日本にはかつて、10月10日に「十日夜」とよばれる行事がおこなわれ、観月の慣習もあった。

十三夜の月

太陰暦で、13日目の月。かつて9月13日に「十三夜」の月見がおこなわれていた。

小望月・幾望

太陰暦で、14日目の月。小望月は望月（満月）の前夜の意味。「幾望」ともいう。幾は「近い」の意味。

満月（望）・十五夜の月・三五の月

「三五の月」は「3×5＝15」の意味。日の入りのころに東からのぼり、真夜中に南の空に見える、全面が光っている月。日の出のころに西に沈む。

十六夜の月・既望

太陰暦で、16日目の月。「十六夜（いざよう）」とは、「ためらう」の意味。十五夜より月の出が遅れることを、月が姿をあらわすのをためらうからだと見なしたことによる。「既望」は、「望月をすぎた」ことをあらわしている。

立待月

太陰暦で、17日目の月。日没後、「出るのを今か今かと立って待つほどの時間をおいてのぼる月」という意味。

居待月

太陰暦で、18日目の月。「居」は「座る」の意味。「出るのを立って待つには長すぎるので座って待つ月」という意味。

寝待月・臥待月

太陰暦で、19日目の月。「出るのを立って待つにも座って待つにも長すぎるほど遅れ、横になって待つほどの月」の意味。

更待月

太陰暦で、20日過ぎの月。「夜更けになってようやくのぼる月」という意味。

下弦の月

東側半分が光っている半月が、真夜中に東からのぼり、日の出のころ南の空に見えて正午ごろに西にしずむ。「下弦」は、半月が地平線に沈むころ弦が下にあることから、そうよばれる。「下弦の月」は月の形を弓の形になぞらえたよび名。太陰暦の暦月の下旬の「弦月（半月）」であるためだという説もある。

二十三夜の月

太陰暦で、23日ごろの夜にのぼる月。

有明月

太陰暦で、26日～27日ごろの夜明けの空にのぼる月。十六夜以降の月をまとめてこうよぶこともある。

三十日月・晦日月

太陰暦の月末の日の月。「晦日」は「つごもり」とも読み、新月直前で月が姿をかくす「月隠り」の意味。

4 「1朔望月」とは？

新月（朔）から次の朔までの周期は、29.53日です。
この周期を「1朔望月」といいます。「太陰暦」の1年は、12朔望月です。
これは、1年を365.24日とする「太陽暦」とは、11日ずれています。

太陰暦と太陽暦

「太陰暦」とは、朔→上弦→望→下弦→朔と変化する「1朔望月」を基準にしてつくった暦で、現在もイスラム教の国ぐにでつかわれています。

一方、「太陽暦」とは、太陰暦に対する暦のよび方で、太陽の動きを観察してもとめた「1年（365日）」という時間の長さを基準にしてつくった暦です。現在つかわれている「太陽暦」は「グレゴリオ暦」ともよばれることがありますが、それは、1582年にローマ教皇グレゴリウス13世が制定したことによります。

日本の改暦

日本は1873年（明治6年）、それ以前につかっていた暦（「天保暦」とよばれていた「太陰太陽暦」）から「太陽暦（グレゴリオ暦）」に急きょ変更しました。これを「改暦」といいます。なぜなら、その当時、ヨーロッパの国ぐにがつかっていた「グレゴリオ暦」と日付がずれているために、外交をはじめさまざまなことで、不便が生じていたからです。

ところが、この改暦は発表から1か月足らずで実施されたため、社会に大きな混乱が生じました。

なお、改暦がおこなわれたことで、太陰太陽暦は民間では「旧暦」とよばれ、改暦後の新しい暦法は「新暦」とよばれるようになりました。

提供：ALBUM／アフロ

グレゴリオ暦への改暦を発表するグレゴリウス13世（左上壇上）。それ以前には、ユリウス・カエサル（紀元前100～紀元前44年）が導入したユリウス暦がつかわれていた。

太陰太陽暦

1873年の改暦前に日本でつかわれていた暦は、「太陰太陽暦」とよばれる、はるか昔に太陰暦を改造したもので、現在も中国をはじめ、多くの国で用いられています。

これまで見てきたように、月の満ち欠けによって日数を計算する暦法が太陰暦であり、季節の循環を１年（太陽年）とするのが太陽暦です。太陰暦による日数の数え方を、太陽年の１年にあわせたのが太陰太陽暦です。

太陰太陽暦は、「閏月」という特別な月を加えることで、太陽暦（グレゴリオ暦）と太陰暦でずれてしまう11日を補正したものです。閏月は平均すると19年に７回ぐらいの割合で加えられていました。

太陰太陽暦と二十四節気

日本では1000年以上もの長期にわたり、太陰太陽暦が使用され、月のよび名は、時代における日本人の生活や心象風景（→p44）と密接に関わっていました。

ただし、太陰太陽暦は、季節の変化を予想することができないという欠点がありました。その欠点をおぎなうために用いられていたのが「二十四節気」です。二十四節気は、太陽の黄道上の動き（→p35）を角度によって24等分したもので、その角度ごとに季節の名前がつけられています。さらに、24の季節名は４つの季節（春夏秋冬）に分類され、立春がふくまれる月は春、などと決められていました。

ただし、二十四節気はもともと古代の中国でつくられたものだということもあって、実際の季節とずれていると感じることも少なくないといわれています。

太陰太陽暦と太陽暦のちがいと二十四節気

太陰太陽暦の月	二十四節気	太陽暦でのおおよその日付
1月(29日)	立春(1月節気)	2月4日
	雨水(1月中気)	2月18・19日
2月(30日)	啓蟄(2月節気)	3月5・6日
	春分(2月中気)	3月20・21日ごろ
3月(30日)	清明(3月節気)	4月4・5日
	穀雨(3月中気)	4月20日
4月(29日)	立夏(4月節気)	5月5・6日
	小満(4月中気)	5月21日
5月(30日)	芒種(5月節気)	6月5・6日
	夏至(5月中気)	6月21・22日ごろ
6月(29日)	小暑(6月節気)	7月7日
	大暑(6月中気)	7月22・23日
7月(30日)	立秋(7月節気)	8月7・8日
	処暑(7月中気)	8月23日
8月(29日)	白露(8月節気)	9月7・8日
	秋分(8月中気)	9月23日ごろ
9月(30日)	寒露(9月節気)	10月8・9日
	霜降(9月中気)	10月23・24日
10月(29日)	立冬(10月節気)	11月7・8日
	小雪(10月中気)	11月22・23日
11月(29日)	大雪(11月節気)	12月7日
	冬至(11月中気)	12月22日ごろ
12月(29日)	小寒(12月節気)	1月5・6日
	大寒(12月中気)	1月20・21日

※年によって日付は異なる。

潮の満ち干と月の関係

海には潮の満ち干があります。潮の満ち干とは、海面が周期的に上昇したり下降したりする現象のこと。
実は月や太陽の動きと潮の満ち干は、密接な関係があります。

潮汐力

「潮汐力」とは、潮の満ち干を引きおこす力のこと。地球上の海の潮の満ち干は、月と太陽からの引力によって引きおこされます。

地球上ではたらく潮汐力は、太陽より月が地球に近いため、月が太陽の約2.2倍となっています。このため、潮の満ち干は月と強く結びついているわけです。

満潮、干潮は１日２回

潮が満ちた状態を「満潮」、引いた状態を「干潮」といいます。

潮汐力は、地球上の、月に近い側と遠い側で最大となります。つまり、下の図のように、月から引っぱられる力（引力）が、月に近いところほど大きいため、月に面した海水は大きくもりあがり、逆に、月から一番遠い面はとりのこされるため、地面からもりあがるのです。このため、満潮と干潮は約１日に２回起こります。

地球と月の位置関係

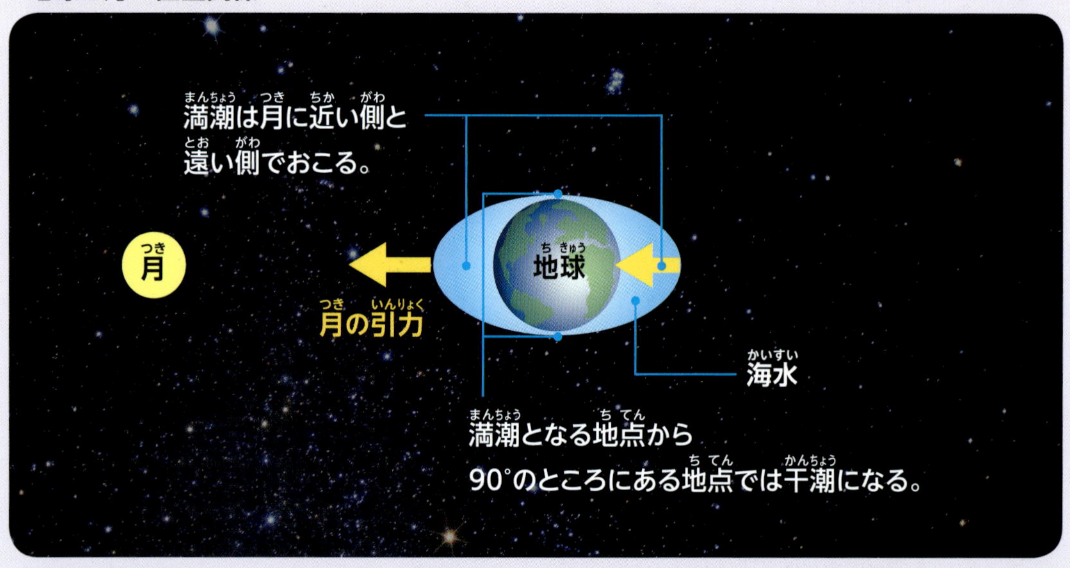

※実際の満潮は、地形などの影響もあって、月の方向とぴったり同じ向きにはならない。また、地球の表面がすべて海でおおわれているわけではないので、実際にはここでの説明のように整った海面の形にはならない。

フランスの西海岸に位置する小島モンサンミッシェル。満潮時には海にかこまれるが、干潮になると海水が引いて歩いて渡れるようになる。

大潮と小潮

満潮、干潮と間違えやすい言葉に「大潮」と「小潮」があります。

「大潮」は、月と太陽の潮汐力のはたらく向きが同じになる時期に、2つの天体の潮汐力があわさって、満潮と干潮の差が大きくなる時期のことをさしています。逆に「小潮」は満潮と干潮の差が小さくなる時期です。

大潮は新月と満月のころ、小潮は上弦と下弦の半月のころ、月に2回ずつ起こります*。

潮干狩りはもっとも満潮と干潮の差が大きくなる「大潮」のときが向いているとされている。

もっとくわしく 旧暦と日常生活

旧暦では、新月が1日、満月が15日ごろ、半月は7日ごろと23日ごろとなっている。新月と満月の時期は大潮の時期で、半月の時期は小潮の時期だから、旧暦を見れば、その日付から海の潮のようすを知ることができた。この点でも、旧暦が日本人の日常生活と密接に関係していたことがわかる。

* 緯度によっては1回のところもある。

月は太陽の光を反射しているというけれど？

光そのものは目に見えません。何かにぶつかって、はじめて光るのです。
宇宙が真っ暗なのは、何もないからです。
何もないことを「真空」といいます。
真空の宇宙では、太陽の光も目に見えません。

太陽の光は通過するだけ

「宇宙が真っ暗なのは何もないから」を逆にいえば、「真空の宇宙では太陽の光は通過するだけで明るく周囲を照らすことがないので真っ暗である」ということになります。

地球には空気があります。空気のなかには、非常に細かいちりなどが無数にあります。このため太陽の光は、細かいものに反射したりぶつかったりしてちらばることで、周囲を明るく照らします。また、地上までとどいた太陽の光は、地面や海に当たって光ります。地球が宇宙とちがって明るいのはそのせいです。

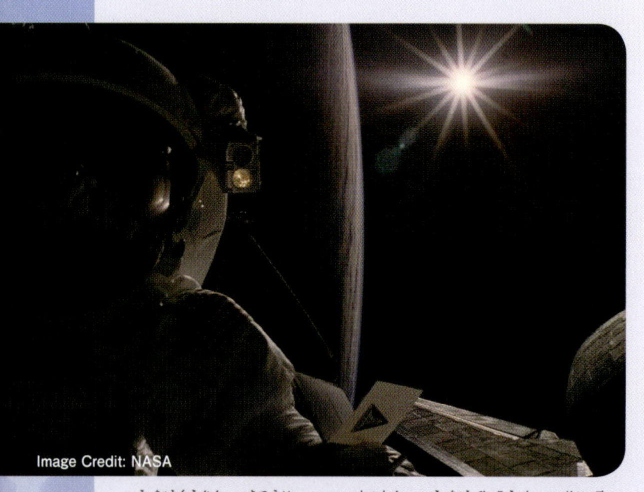
Image Credit: NASA

宇宙空間で撮影された写真。宇宙飛行士の背後には地球と太陽が見える。

月には空気がないので、太陽の光が直接、月面にぶつかって光ることになります。

もっとくわしく　ガス星雲

宇宙にはガス星雲のように、水素ガスなどが集まった場所がある。ガス星雲は、近くに太陽のような恒星がある場合、その光を受けて特別な方法で光る。「オリオン大星雲（下写真）」などは、このようにして光っている。このため、厳密にいうと宇宙は完全に真っ暗とはいえないことになる。

満月のときの太陽・地球・月の位置関係

満月のときには、太陽の光は、月全面で反射します。

地球が太陽と月のあいだにあるのに、光をさえぎらないのは、下の図のように地球と月の軌道がずれていて、通常は立体的に見ると一直線にならんでいないからです。

平面上では、太陽の光が、月にとどく手前で、地球がじゃまするかのように見えますが、立体的に考えればすぐにわかるはずです！

ただし、たまに、立体的に見ても、太陽－地球－月と、一直線に重なることがあります。このとき、月は地球にじゃまされて見えなくなります。この現象が「月食」です。月食については32ページを見てください。また、太陽－月－地球と、一直線に重なると「日食」です。日食については34ページを見てください。

太陽の前を横切る月の合成写真。月には大気がないので、月の輪郭がはっきりと見える。

PART 2

知ってスッキリ！ 月の大疑問

**スカイツリーの横に見える月は、とても大きく見えます。
その理由をはじめ、だれもが一度は感じたことのあるはずの
「大疑問」を解説します。**

1 「月の錯視（Moon Illusion）」って、何？

月は低いところにあるときより、高いところにあるときのほうが小さく感じます。でも、実際に小さくなるわけではありません。これは、目の錯覚（錯視）による現象で、「月の錯視（Moon Illusion）」とよばれています。

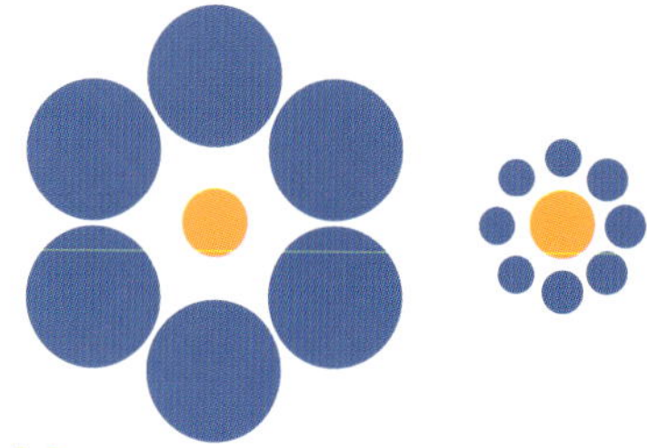

錯視とは

青い●のなかにオレンジ色の●が１つありますが、左側のオレンジの●ほうが、右側より小さく見えるはずです。ところが、実際にはかると、まったく同じ直径であることがわかります。これは目の錯覚によって起こる現象です。月を見るとき、似たような錯視によって、大きく見えることがあると考えられています。これを「月の錯視」といいます。

「月の錯視」は、月が地面に近いところにある場合、人間の脳は、山や建物などと比較して、月が大きく見えたように感じてしまうというものです。それに対し、夜空の高いところにある月は、比較するものがないので小さく見えるというわけです。

月と地球の距離

月と地球の距離は、平均38万4400kmで、地球30個分です。2億人が手をつなげばとどく距離ともいわれています。

月が地球のまわりをまわる公転軌道は、完全な円ではなく、ほんの少し細長い楕円形になっています。このため、地球から月までの距離はいつも変化しているのです。

月が地球に一番近づいたときは約35万kmで、遠いときは約40万kmとなります。その差は、約5万kmです。これは、地球から見たときの見かけ上の直径が約10%ほどちがうことを意味しています。

なお、このちがいは、カメラでも撮影することができます。

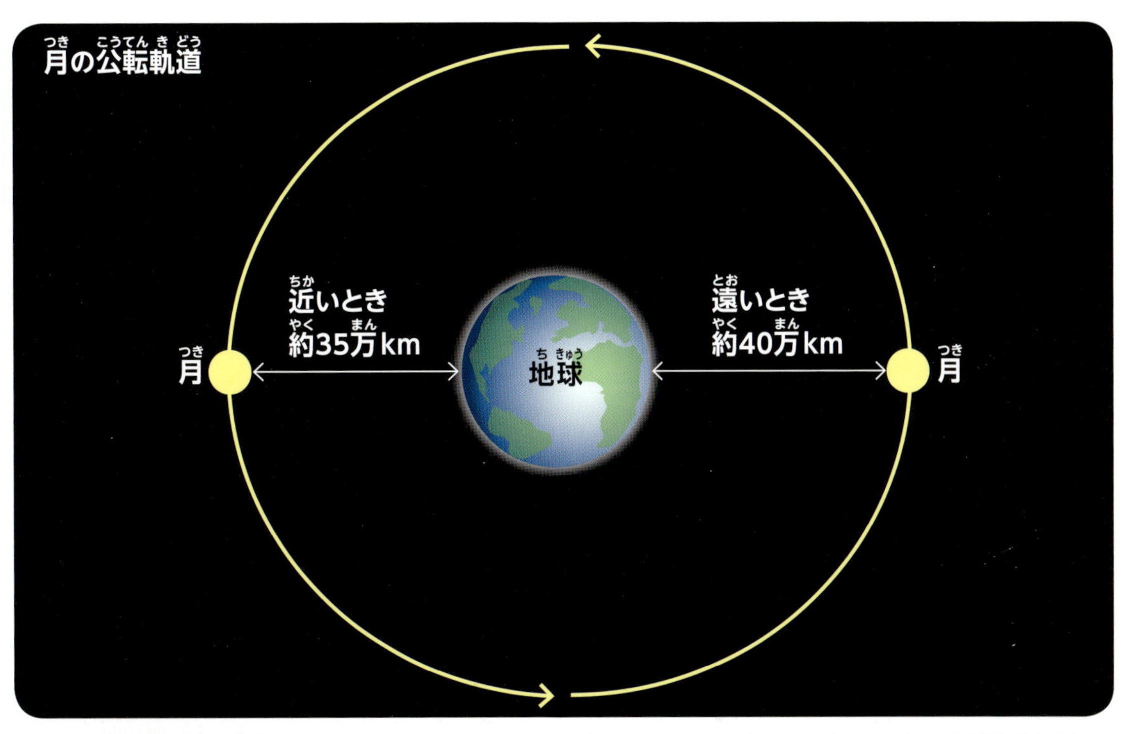

2 「月の出」の時刻は、いつ？

月の出・月の入りは、地平線（水平線）からの出入りの瞬間のことです。でも、月は、太陽の場合(→右ページ)とちがって、中心部が地平線上にきた瞬間を基準にして、月の出・月の入りの時刻としています。

月の中心

満月の場合、太陽と同じように上部が地平線上にあらわれるのも下部が地平線に入るのもわかります。でも、下弦の月は上部が欠けていて見えませんし、三日月はほとんどが暗くなっていて、どこが月の上部か下部かがよくわかりません。

このため、月では、比較的わかりやすい中心部を基準にして、月の出・月の入りが決められています。

なお、満月の月の出の時刻は、月の一番上の部分が地平線から出た瞬間より、約1分遅れることになります。反対に、月の入りは、中心部が地平線にふれたあとも、しばらく月の上部が地平線の上に見えていることになります。

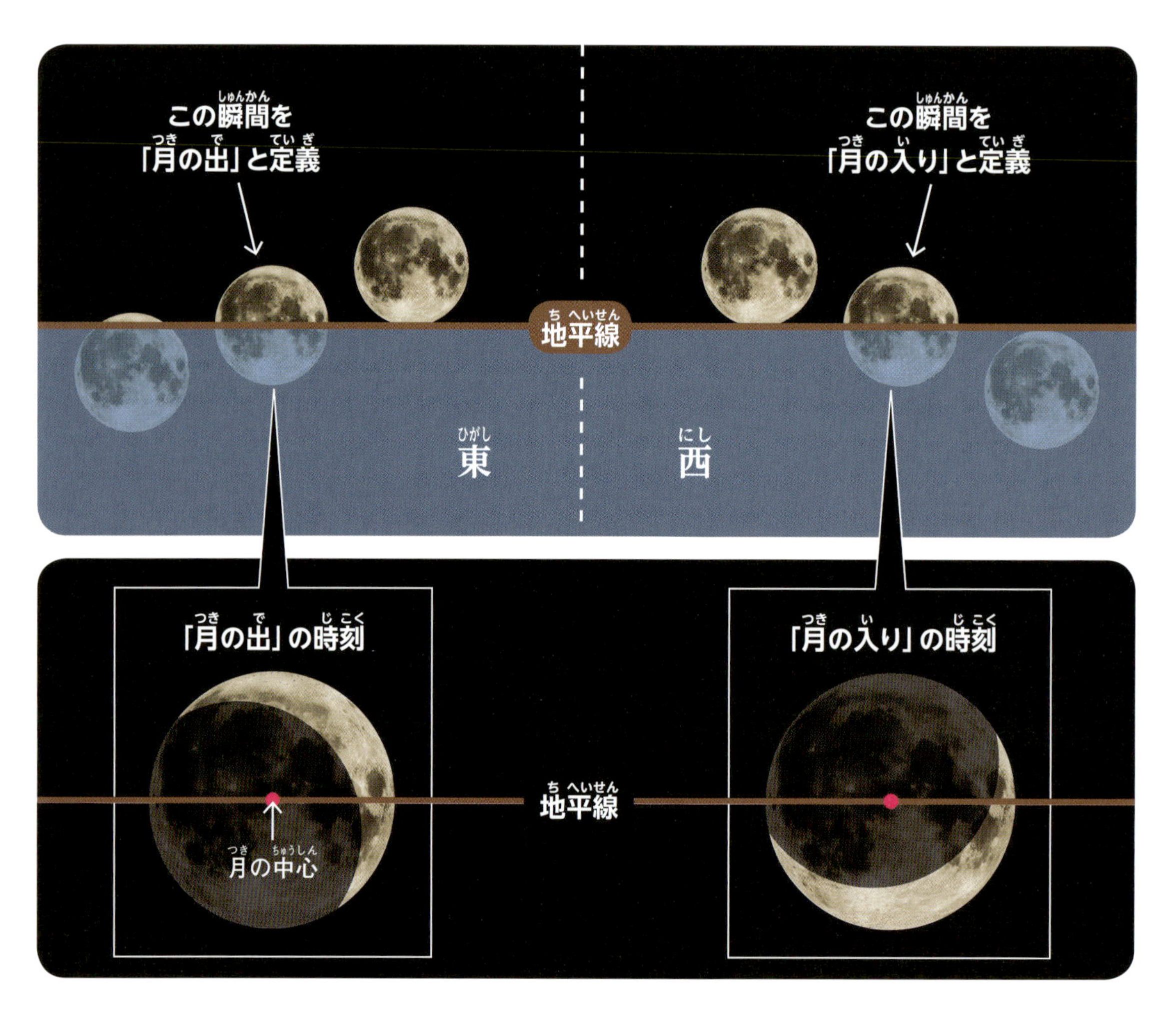

月の出・月の入りのない日

新聞の月の出・月の入りの欄には、ときどき時刻の書かれていない日があります。この日の月は、「出ない」！　これは、月の出の時刻も月の入りの時刻も、１日に平均して約50分ずつ遅くなるからです。

ただし、月の動きが複雑なため、30分遅くなることも１時間10分も遅くなることもあります。その結果、月の入りから次の月の出までの時間が、24時間をこす場合が生じます。そのあいまの日には、一日中、月の出入りがないわけです。平均50分遅れの間隔でいくと、30日間で29回の月の出があることになるので、およそ１か月に１回の割合で、月の出のない日が起こるのです。

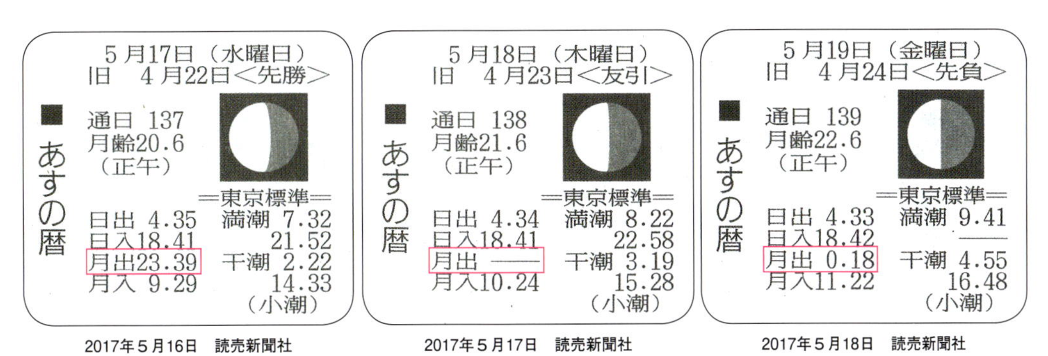

５月17日（水曜日）
旧　４月22日<先勝>
■あすの暦
通日 137
月齢20.6
（正午）
＝東京標準＝
日出 4.35　満潮 7.32
日入18.41　　　21.52
月出23.39　干潮 2.22
月入 9.29　　　14.33
（小潮）

2017年５月16日　読売新聞社

５月18日（木曜日）
旧　４月23日<友引>
■あすの暦
通日 138
月齢21.6
（正午）
＝東京標準＝
日出 4.34　満潮 8.22
日入18.41　　　22.58
月出 ――　干潮 3.19
月入10.24　　　15.28
（小潮）

2017年５月17日　読売新聞社

５月19日（金曜日）
旧　４月24日<先負>
■あすの暦
通日 139
月齢22.6
（正午）
＝東京標準＝
日出 4.33　満潮 9.41
日入18.42　　　――
月出 0.18　干潮 4.55
月入11.22　　　16.48
（小潮）

2017年５月18日　読売新聞社

赤いかこみがその日の月の出時刻。「月出」の横線は月の出がないことを示している。

もっとくわしく　日の出・日の入りのちがい

日の出・日の入りは、「太陽の上辺が地平線に一致する時刻」と決められている。下のイラストからもわかるように、日の出のころの空は少々薄暗くなっている。また、日の入りのころの空も薄暗い（薄明るい）状態で、この状態を「薄明」という。

薄明には、「市民薄明（常用薄明）」と「天文薄明」がある。

●**市民薄明**　灯火なしで屋外の活動ができる状態で、日本では、日の出前・日の入り後30分間程度に起こる。

●**天文薄明**　空の明るさが星明かりより明るい状態で、日の出前・日の入り後1時間30分程度に起こる。

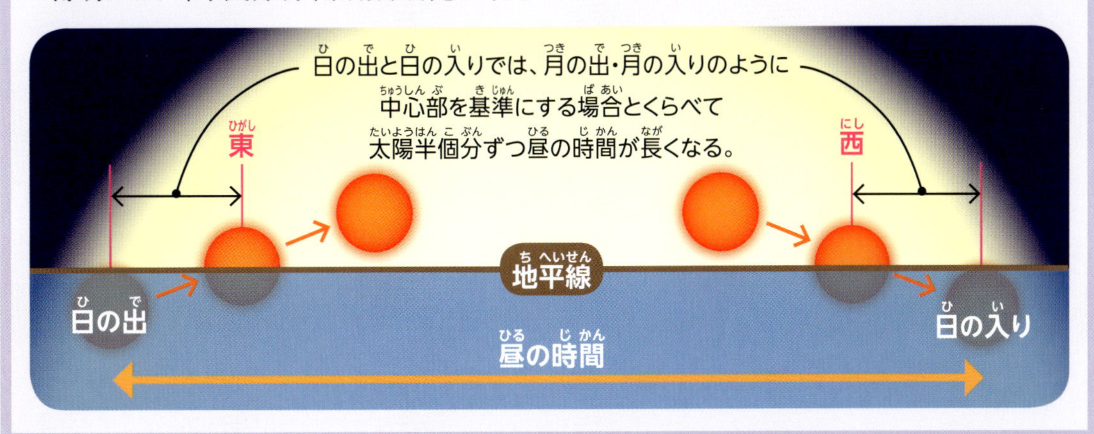

3 上弦の月と下弦の月の見分け方は？

「上弦の月」は、弦が上側にあるから「上弦」といわれます。しかし、一晩のうちに同じ月でも弦が下側にくることがあります。いったいどういうことでしょうか。

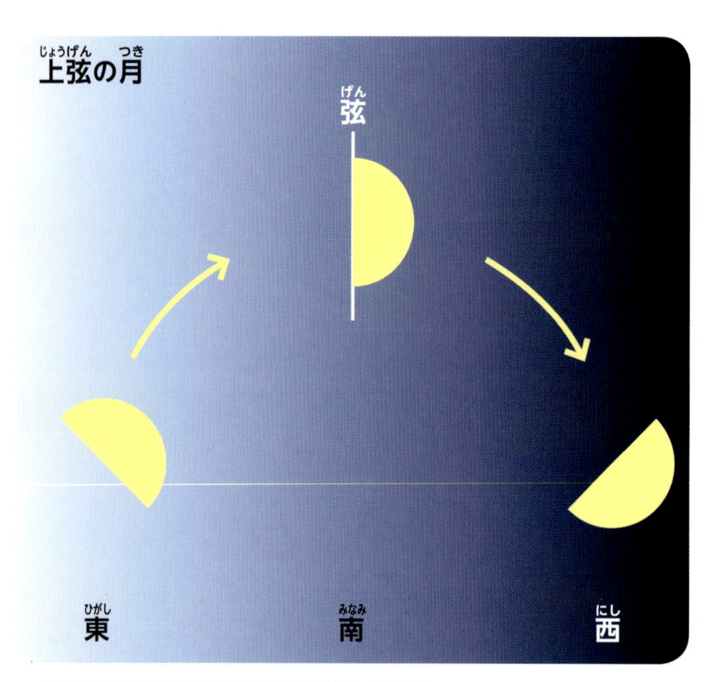

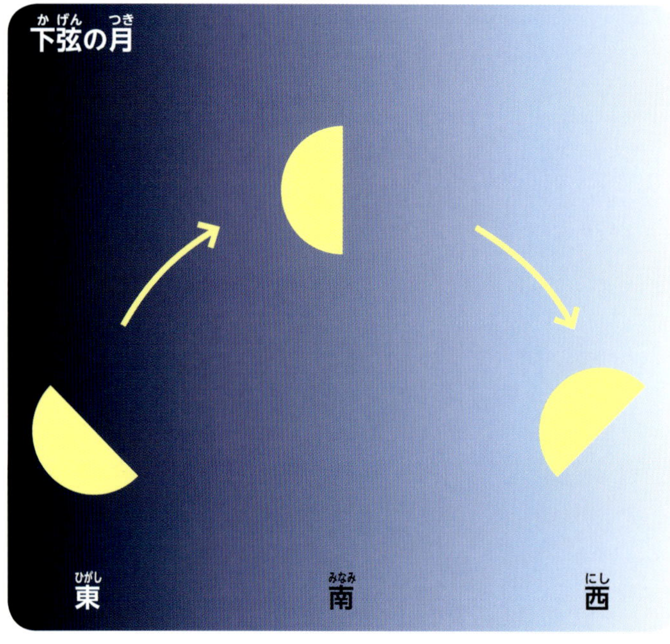

月がしずむころの形

「弦」とは、円の円周上の２点を結ぶ直線のこと。弦のうち、円の中心を通る線を「直径」といいます。直径と半円でできた月を「半月」とよびます。

下の図の、一番左の半月は、東の空の低い位置に出てくるので、とても目立ちます。でも弦が上だからといって、思わず「上弦の月だ」なんていわないように。

この２つの図では、上が上弦の月で、下が下弦の月です。ところが、上弦の月も、月の出る際には弦が下側にきているのです。また、下弦の月では、月の出のとき、弦が上側にきます。

月が真南にきたとき（南中）には、弦は真横を向きます。

このため、上弦の月か下弦の月かというのは、東から西の空に弧をえがくように動いている半月がしずむときに、判断することになっているのです。

満月へ向かう・新月に向かう

上弦の月か下弦の月かどうかというのは、新月から三日月があらわれて満月に向かうあいだの半月か、または、満月が欠けていって新月に向かう半月かがわかっていれば、判断できます。

これなら、弦の位置も一晩のうちの時間帯も気にする必要はありません。

一番かんたんな見分け方

上弦の月は、昼間に東の空に上り、夕方に南中（真南にくること）して深夜に西の空に沈みます。このため、夕方から夜になって、南から西の空に見える半月は上弦の月ということになります。

一方、下弦の月は深夜に出て、明け方に南中して昼間に沈みます。朝に白い半月が見えたら、ズバリ、下弦の月ということです。

こう考えると、宵のころに見える半月は、上弦の月だということもできるでしょう。

昼間に撮影された半月のころの月。
上弦の月であることがわかる。

4 満月・新月は世界中で同じ日？

満月が完全にまん丸になり、新月が完全に真っ暗になるのは、「地球の中心から見た瞬間」とされています。地球の中心は、地球に１つしかありません。いったいどういうことでしょうか？

「今日は満月です」とは？

満月や新月の瞬間は、下の図のように、地球の中心を基準に、太陽や月の位置や角度を計算して決められます。地球の中心は１つしかないので、満月や新月の瞬間は世界共通、つまり同時だということになります。

ところで、新月や満月となる瞬間は一瞬なのに、「今日は満月です」などというのはどうしてでしょうか？　それは、その日が、「満月の瞬間がふくまれる日」という意味でつかわれているからです。

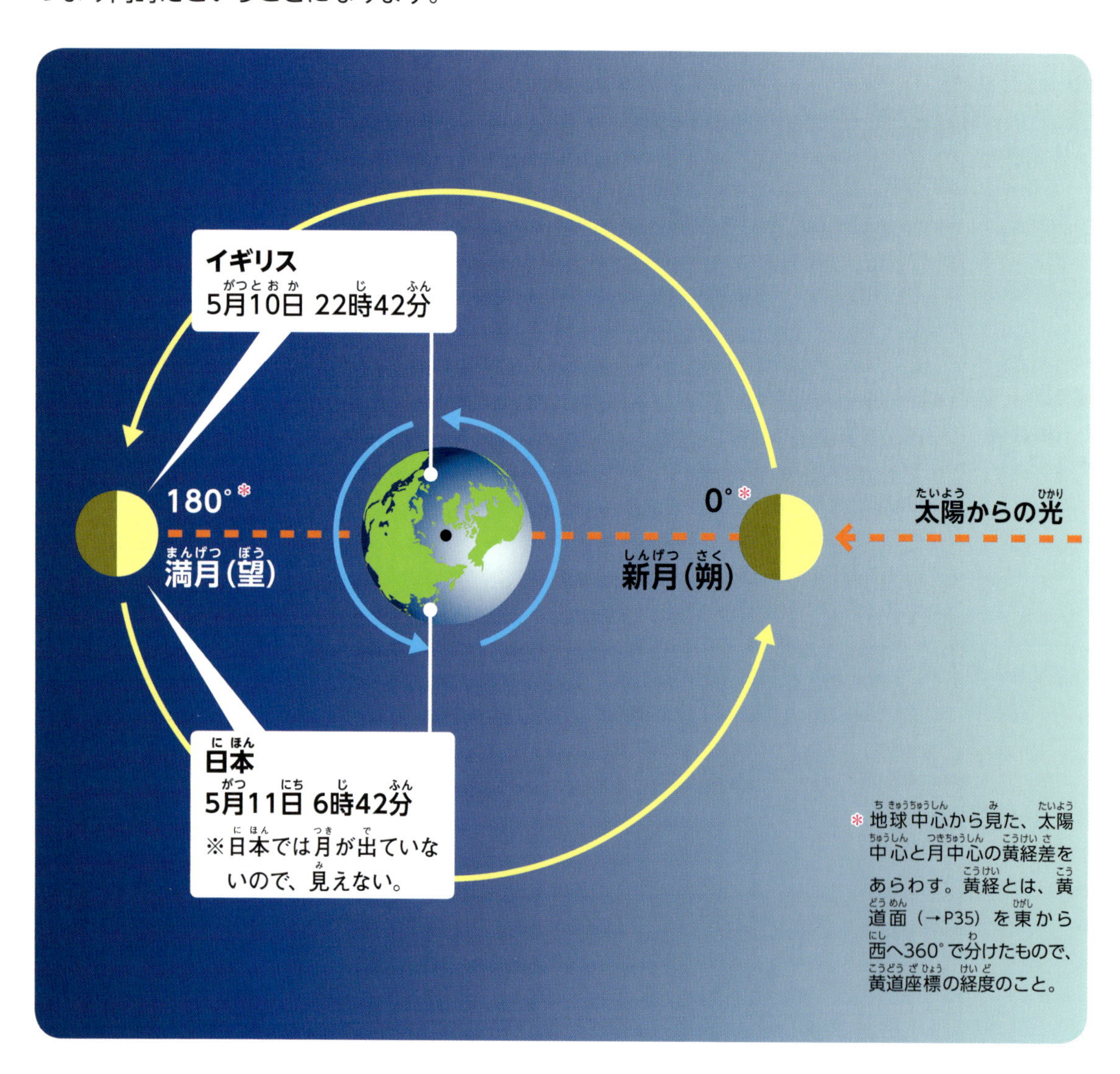

国によって日付が異なる？！

「満月・新月になる瞬間は世界中同時なのに、同じ日ではない」。これは、どういうことでしょうか。実はこれは、国や地域のあいだに時差があることから生じることなのです。

たとえば、2017年５月には、満月が１回あり、日本での日時は2017年５月11日６時42分でした（→左ページの図）。このとき、日本と８時間*の時差があるイギリスでは、満月は５月10日22時42分となり、日付が異なってしまいます。

国によって満月や新月の日付が異なるのは、地球の中心から見た満月や新月の瞬間が異なるのではなく、地球のそれぞれの国や地域に時差があるせいです。

* イギリスは１年を夏時間（３月下旬～10月下旬、時差は８時間）と冬時間（10月下旬～３月下旬、時差は９時間）に分けている。

イギリスのロンドン橋を照らす満月。

「月」がたくさんある!

「月」は地球のまわりをまわっている星(「衛星」とよぶ)ですが、実は、地球以外の惑星のまわりをまわっている衛星も、「月」とよんでいます。地球のまわりをまわっている「人工衛星」も人類のつくった「月」だといえるでしょう。

地球の「月」とその他の惑星の「月」

月は、地球から平均38万4400km離れたところを、約27.32日かけて1周しています(月の公転周期)。月の大きさは直径3476kmで、地球の約4分の1です。

地球の衛星は1つだけですが、惑星によって、衛星の数がちがいます。水星と金星には衛星はありませんが、その他の太陽系惑星では、次のようになっています。大きさは木星の衛星ガニメデがもっとも大きく、地球の月は太陽系の衛星では5番目です。

火星	2個
木星・土星	それぞれ60個以上
天王星	27個
海王星	14個

公転周期と自転周期

月は地球に対して、いつも同じ面だけを向けています。なぜなら、月は、地球のまわりをまわる（公転する）周期とまったく同じ周期で、月自体も回転（自転）しているからです。よりくわしく、難しい言い方をすると、月の公転周期と自転周期はまったく同じ27.32日だということです。このため、地球からは、月の裏側を見ることができません。

このような現象は、惑星と衛星の距離が近く、潮汐力が強くはたらいている場合に起こりやすいとされています。

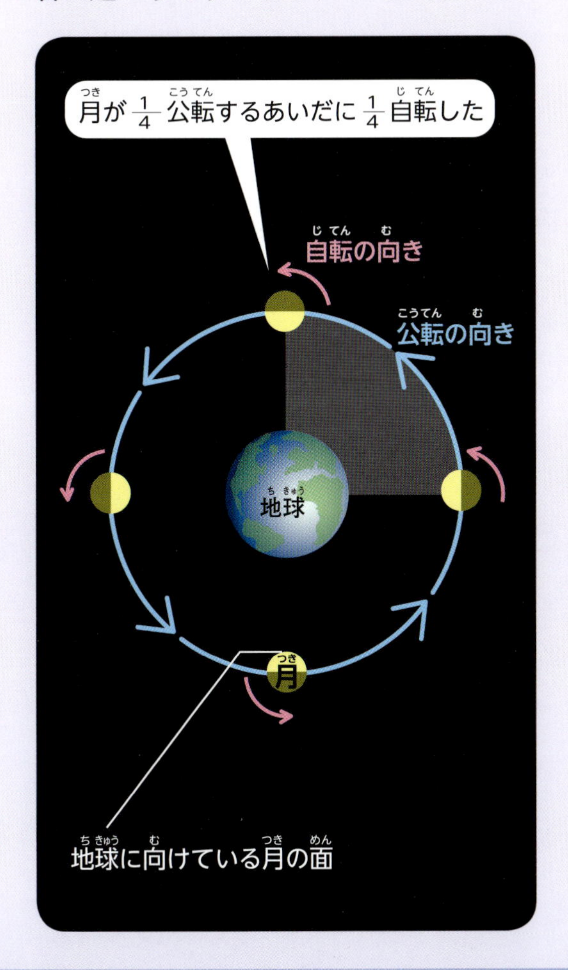

ウサギかカニか？

月の表面で黒く見える部分は、「月の海」といい、比較的平らになっています。

おもしろいことに、この黒い模様は、日本では、ウサギがもちをついているといわれています。ところが、世界の国ぐにでは、それぞれちがったものにたとえられているのです。

どうしてそうなるかは、世界の人びとの想像力のちがいによると考えられます。

また、月が東からのぼるときや南の空高くにあるとき、あるいは西へ沈むときでは、模様の傾きが変わり、これも影響しているといわれています。

もちつきをするウサギ
（日本）

ロバ
（南アメリカ）

カニ
（南ヨーロッパ）

ほえるライオン
（アラビア）

髪の長い女性
（東ヨーロッパ・北アメリカ）

ワニ
（南アメリカ）

5 三日月と月食のちがいは？

「三日月」と「月食」とはちがう現象であることはわかっていても、そのちがいをしっかり説明できるでしょうか。また、月食は、日常に起こっている月の満ち欠けと、どうちがうのでしょうか。

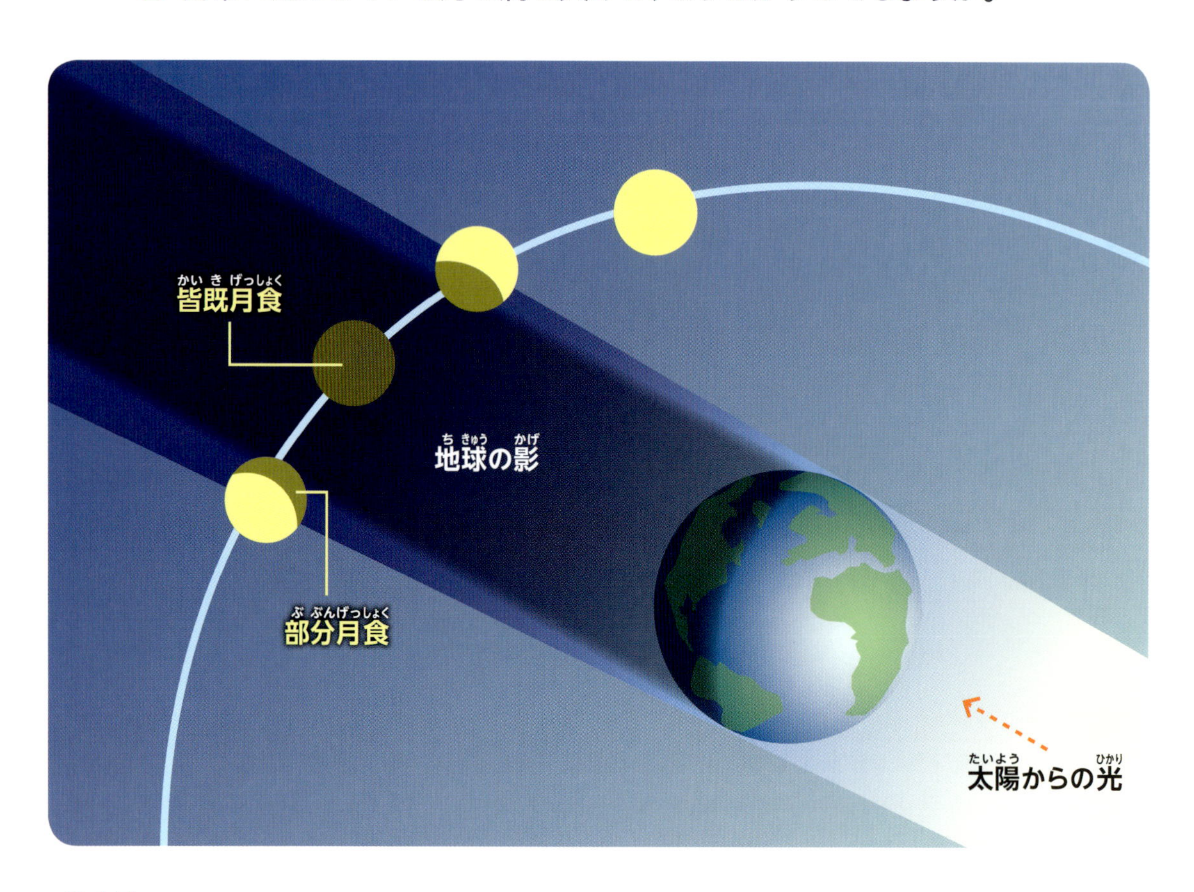

「月食」とは？

月は、太陽と月の位置関係により、太陽光を反射して光っている部分と、影になった部分とができます（月の満ち欠け→p12）。

月は、地球のまわりを公転していますが、月と地球がいっしょになって太陽のまわりを公転しているうちに、太陽→地球→月の順番に一直線上にならんで、月が地球の影のなかに入ってしまうことがあります。このとき「月食」が起こるのです。

もっと くわしく **地球照**

三日月をよく観察してみると、明るく光っている三日月部分以外に真っ暗い空よりも少し明るい（薄暗い）ところが見えることがある。これは、太陽の光が地球にあたって反射して月を照らすことによって起こる現象で、「地球照」とよばれる。

「皆既月食」と「部分月食」

「皆既月食」は、月が地球の影に完全にかくれてしまい、太陽からの光がまったく月にあたらなくなった場合に起こります。また、月の一部分がかくれる場合には「部分月食」が起こります。

皆既月食の際、月が完全に見えなくなってしまうと思われていますが、実際には、月は赤黒い色に鈍く輝いて見えます。これは、太陽光が地球の大気中で屈折することにより起こる現象です。

写真で見ると

下の2つのグループの写真は、一見同じように見えますが、Aが月の満ち欠けを示すもの、Bは、月食の様子をあらわしたもので、似て非なるものなのです。

2つのグループのちがいは、次の通りです。

●**月の満ち欠け**　欠けた月の両端を結ぶとかならず月の中心を通過する。

●**月食**　丸い地球の影のなかに月が入っていく現象で、月の欠け方は月の中心を通る線とは関係がない。

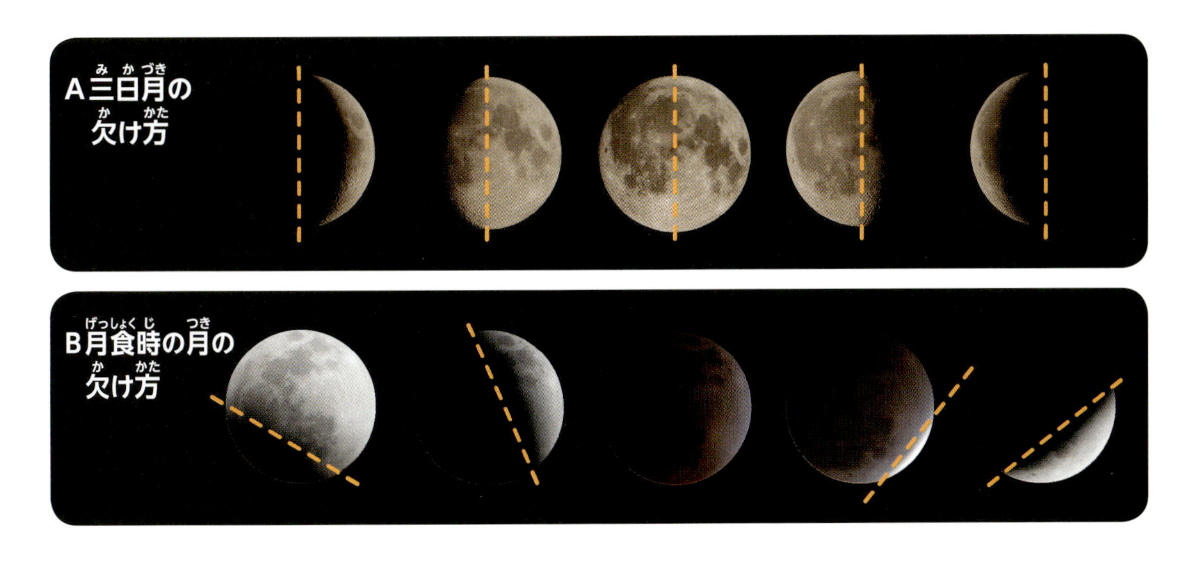

6 日食が起きる理由は？

月が地球のまわりを公転しながら、地球といっしょに太陽のまわりを公転しているうちに、太陽→月→地球の順番で一直線上にならぶということが起きます。すると、月が地球に影を落として、「日食」が起こります。

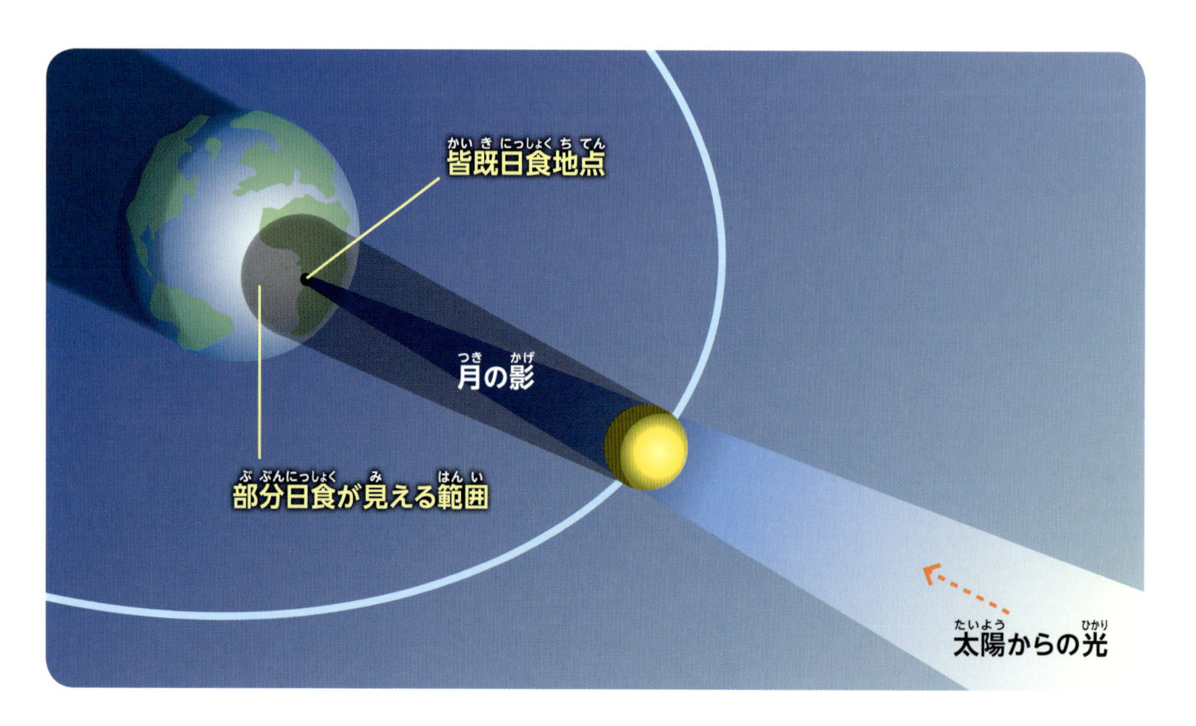

皆既日食・部分日食

日食の際には、月の影が地球上に落ちます。そのなかでは、太陽が月にじゃまされて、見えなくなります。これが、「日食」です。

日食には、太陽が完全にかくれる「皆既日食（写真は右ページ）」と、一部分がかくれる「部分日食（下写真）」とがあります。

もっとくわしく 影と陰

「影」は、光が物体にさえぎられて、光源と反対側にあらわれる暗い部分で、一方「陰」は、物にさえぎられて、光が当たらないところのこと。光がさえぎられることであらわれるのが「影」、見えなくなったところが「陰」となる。

もっとくわしく 日食伝説

昔の人びとは、日食や月食がなぜ起きるのかわからなかったため、不吉な現象としておそれていた。平安時代にも、日食が不吉なものとされ、日食が起こると早く終わることを神仏に祈ったとの記録がある。

皆既日食・金環日食

23ページにある通り、月と地球の距離は、一定ではありません。

月が地球に近い位置で日食が起きると、地球から月が大きく見えるので、太陽は月に完全にさえぎられてしまいます。この日食を「皆既日食」といいます。

一方、月が地球から比較的遠くにあるときには、月は小さく見えるので、月のまわりから太陽がはみだして見えます。これを「金環日食」とよんでいます。

黄道と白道の交点近く

日食・月食が起こるのは、「月が黄道と白道の交点近くにいるときで、新月または満月となった」場合です。

「黄道」とは、地球から見て、見かけ上の太陽が動く通り道のことで、月が動く通り道を「白道」といいます。

下の図のように黄道と白道との傾きは、約5°です。その交点に極めて近いところでは、皆既日食・皆既月食が起こり、少し離れたところでは、部分日食・部分月食が起こります。

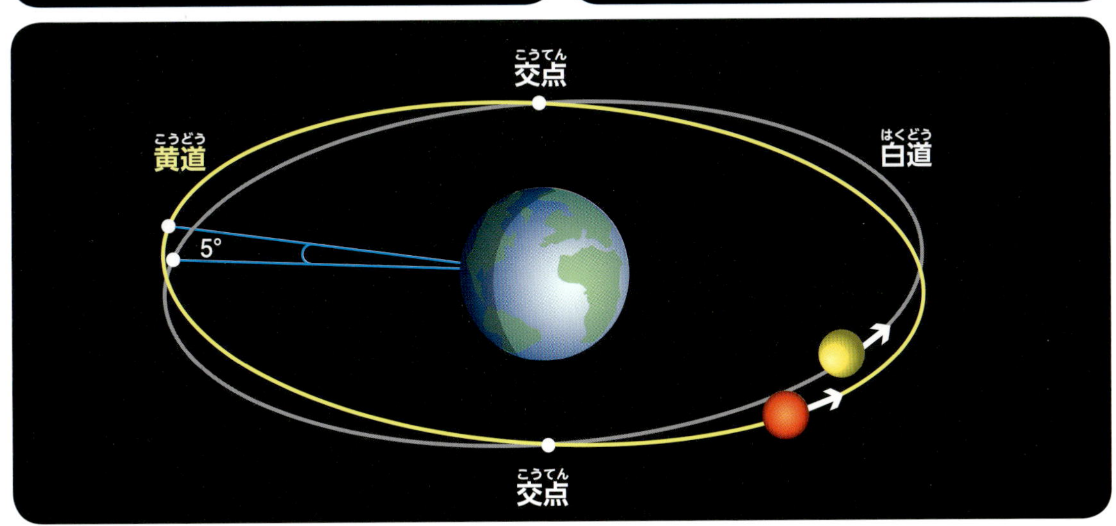

7 月は、どうやってできたの？

現在の科学では、月は地球にほかの天体が衝突してできたのではないかと考えられていますが、まだくわしくはわかっていません。
月のでき方は、現代の科学をしても完全にはときあかされていないのです。

ジャイアント・インパクト

月の大きさは、地球の約4分の1、重さは地球の81分の1ほどです。ほかの惑星の月(→p30)の大きさが、大きくても10分の1、重さは1000分の1ほどですので、地球にとっての月の比率は、非常に大きく、そうした月がどのようにして誕生したかは、大きな謎となっています。

月がどのようにしてできたかについて、アポロ宇宙船で人類が月にいく前には、下のような説がありました。

ほかから飛んできた物体が、地球の引力に引っぱられて地球の衛星になった。

地球から飛びだした地球の一部が月になった。

地球ができたのと同じころに同じようにしてできた。

しかしアポロ宇宙船が月へいって月を調べてからは、どれも正しくないとわかり、現在もっとも注目されているのが、「ジャイアント・インパクト（巨大衝突）説」です。

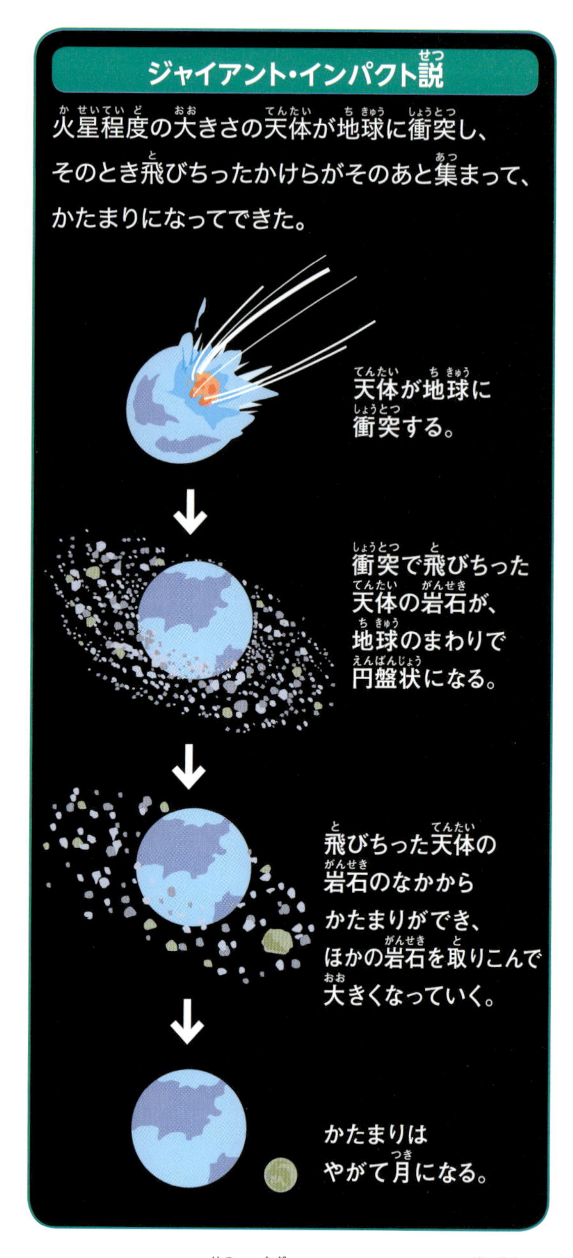

しかし、この説が正しいかどうかの結論は出ていません。それでも、もっともたしからしい説であることは間違いありません。

月のクレーターができた理由

「クレーター」とは、月の表面に見えるでこぼこのことです。

月のクレーターの大きさは、直径数百kmの巨大なものから、「マイクロクレーター(右写真)」とよばれる顕微鏡で見ないとわからないような小さなものまでさまざまです。

クレーターがどうやってできたかについては、以前は火山の噴火によるものではないかと考えられていました。しかし「アポロ11号」などがもちかえってきた月の石の表面に、マイクロクレーターがたくさん確認されたことから、火山活動でできたとは考えにくくなりました。

一方、近年の研究で「マイクロクレーター」は、直径1mm以下の小さなちりがぶつかってできたのではないかと推測され、現在では、ほとんどのクレーターは、いん石などの衝突によってできたものだと考えられるようになりました。

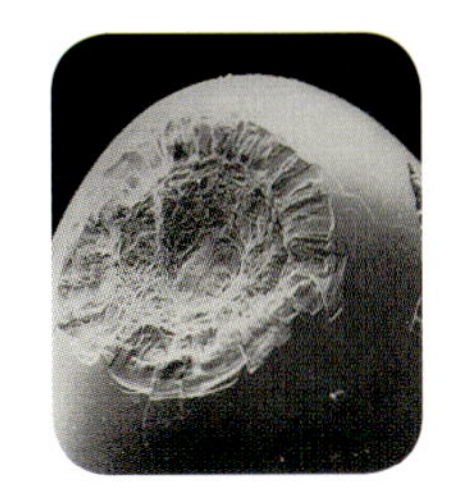

写真：NASA

月と人類

昔から人類は月にあこがれ、月へいこうとしてきました。でも、実際に月旅行に挑戦したのは、1960年代のこと。ソ連とアメリカが月探査を競うなか、1969年7月20日、ついに現実となりました。

写真：NASA

ソ連かアメリカか？

1960年代は、ソ連（現在のロシア）とアメリカが月探査を競っていた時代です。そのなかで世界ではじめて月に到達した探査機は、ソ連の月探査機「ルナ２号」でした。1959年9月12日に打ちあげられて、14日に月面の「晴れの海」とよばれる場所に命中しました。

1966年２月３日には、「ルナ９号」が月面の「嵐の大洋」への軟着陸に成功し、月面のパノラマ写真撮影などをおこないました。

つづく「ルナ10号」は、1966年4月3日、人類史上初の月のまわりをまわる人工天体になりました。

これに対し、アメリカでは、1961年５月にケネディ大統領が「1960年代のうちに人間を月に送り、無事に地球に帰還させる」と宣言。それから「アポロ計画」がはじまりました。

その８年後の1969年7月16日、ニール・アームストロング船長ほか２名が乗った「アポロ11号」が打ちあげられました。7月20日、船長とパイロットのバズ・オルドリン（上写真）が月面着陸に成功！　彼らは人類ではじめて月におりたったのです。

月面に約21時間滞在し、月の石を採取するなどしたあと、司令船で待機していたマイケル・コリンズ宇宙飛行士と合流しました。そして、7月24日、３名は無事地球に帰還しました。

月面を歩いたのは？

アポロ宇宙船の打ちあげは、1968年の「アポロ7号」が最初でしたが、7号～10号では月面着陸はおこなわれませんでした。

月面着陸をめざして打ちあげられたのは、1969年の「アポロ11号」から1972年の「アポロ17号」です（1970年に打ちあげられた「アポロ13号」は失敗）。その結果、月面を歩いた人数は、合計12人でした。

もっとくわしく　アポロ13号

1970年の「アポロ13号」は、打ちあげから約60時間後、宇宙船の酸素タンクが爆発するという事故が起こり、月面着陸を断念。そして、わずかな燃料をつかって、なんとか地球の大気圏に再突入することに成功した。そのとき、地上との交信がとだえ、最悪の事態も考えられたという。だが、約3分後、ふたたび「アポロ13号」からの声が聞こえた。宇宙飛行士と地上のスタッフとの連携により、地球へ奇跡の生還。この話は、映画にもなった。

日本の月探査機「ひてん」

日本がはじめて月をめざした探査機「ひてん」を打ちあげたのは、1990年1月24日のことです。

「ひてん」は、鹿児島県の内之浦宇宙空間観測所からM-3Sロケットで打ちあげられました。

M-3Sロケットによる「ひてん」（左）の打ちあげ（下）。

©JAXA ©JAXA

月の重力や、地球の大気の抵抗により軌道を変える実験を何度もおこない、1990年3月19日に月に接近したとき、「ひてん」に搭載された小型衛星「はごろも」を切りはなし、月周回軌道に投入させました。

1992年2月、「ひてん」自体も月周回軌道に入り、さまざまな実験をおこない、1993年4月11日、月面の「フレネリウス・クレーター」に落下しました。

「かぐや」の月への旅

月は、地球から約38万km離れたところをまわっています。
そこへ探査機を運ぶためにどのような方法がとられたのでしょう。
ここでは、宇宙航空研究開発機構（JAXA）が、2007年9月に打ちあげた
月周回衛星「かぐや（右の画像）」がどのように
月に到達したか見てみましょう。

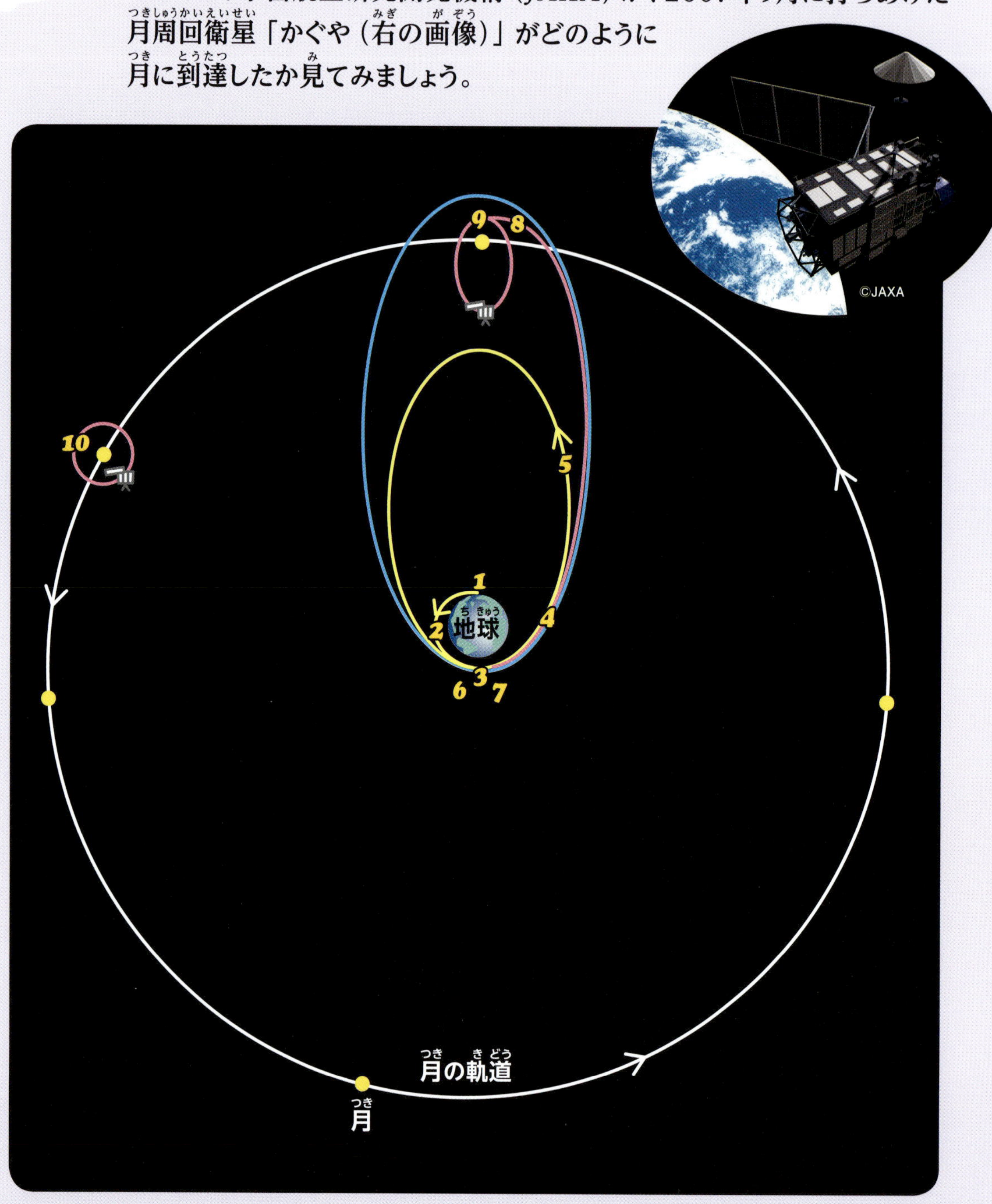

1 2007年9月14日午前10時31分01秒、「かぐや（SELENE）」を搭載したH-IIAロケットが種子島宇宙センターから打ちあげられた。

©JAXA

2 燃焼の終了した固体ロケットブースターを切りはなし、ついで第1段ロケットを切りはなし、第2段ロケットのエンジンに点火。「かぐや」と第2段ロケットは、高度200～300kmの地球周回軌道に乗る。

3 打ちあげから約41分後、地球をほぼ半周したころで、第2段に再度点火。秒速10.8kmに加速。周期約5日の楕円軌道（左ページの図の黄色の軌道）に乗る。

4 打ちあげから約46分後、「かぐや」は第2段ロケットから切りはなされた。

5 その後、太陽電池パドルを開いて電力を確保。アンテナを地球に向けて地球との通信の準備などをおこなった。

6 5日後の9月19日、地球を1周後、「かぐや」につまれたエンジンに点火し、加速。周期10日の楕円軌道（図の水色の軌道）に乗る。この10日間に、内部の機器の状態をチェックするなど、月接近にそなえて準備をおこなった。

7 「かぐや」は10日周期の楕円軌道の2周目（図のピンク色の軌道）を、5日かけて遠地点（地球からもっとも遠ざかる地点）に向かう。

8 10日周期の楕円軌道の2週目に入って5日後の10月4日、「かぐや」の速度は、秒速約100m程度になり、地球から38万km離れた遠地点で、月がうしろから接近。

9 「かぐや」は加速して、月の北極と南極の上空を通る月周回軌道に乗った。

10 「かぐや」は月のまわりをまわりながら高度を下げて、月面から約100km上空をまわる軌道に入った。つみこまれたハイビジョンカメラや、地形カメラなど14種類の観測装置で観測した鮮明な映像や貴重なデータを送ってきた。

©JAXA/NHK

©JAXA/SELENE

なお、「かぐや」はすべての任務を終え、2009年6月11日、月面に落下（右の連続写真は落下時に撮影された）。

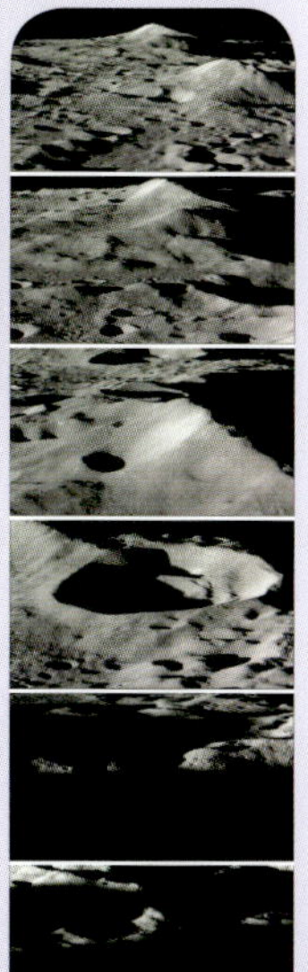
©JAXA/NHK

8 「七夕」の日に雨がふりやすい理由

現在では「七夕」というと、7月7日だと思う人が多いようです。しかし、7月7日は梅雨がまだ明けていない地方がほとんどで、天の川が見える可能性が日本全国で低くなっています。

旧暦七月七日

旧暦（太陰太陽暦）の「七夕（七月七日）」という日は、新暦では8月に入っています。そのため、そのころなら、日本列島は全国的に梅雨も明け、天気がよくなる可能性はぐんと高まり、牽牛（アルタイル）と織女（ベガ）が見える可能性も高くなっています。しかも、月は上弦の月のため、夜遅くなると西にしずんでしまうので、夜空の星は断然見やすくなります。

東北の三大祭りの１つとして知られる仙台の七夕祭をはじめ、全国には七夕の祭りを現在の暦（新暦）の８月７日におこなうところが多くあります。

もっとくわしく　七夕とライトダウンキャンペーン

国立天文台では、2001年から毎年、旧暦七月七日（伝統的七夕）が、その年の何月何日にあたるかを広く知らせ、その夜は「明かりを消すようにしよう！」とPRしてきた。

一方、2003年からは、環境省も「ライトダウンキャンペーン」を提唱。施設や家庭の照明を消すことをよびかけてきた。これは、当初は夏至の日（6月21日）を中心に20時から22時に施設の消灯をよびかける取り組みだった。その後、2008年にはG８サミット（洞爺湖サミット）が7月7日の七夕の日に開催されたことを受け、同日を「クールアース・デイ」として定め、「地球環境の大切さを日本国民全体で再確認し、年に一度、低炭素社会への歩みを実感するとともに 家庭や職場における取り組みを推進するための日」としてうったえている。

「中秋の名月」って、いつの月？

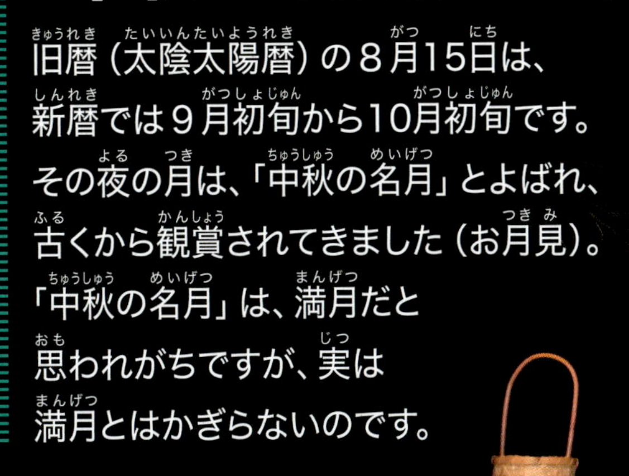

旧暦（太陰太陽暦）の８月15日は、
新暦では９月初旬から10月初旬です。
その夜の月は、「中秋の名月」とよばれ、
古くから観賞されてきました（お月見）。
「中秋の名月」は、満月だと
思われがちですが、実は
満月とはかぎらないのです。

「十五夜」と「十三夜」

日本では、旧暦によりおこなっていた風習が生活のなかで生きているものがあります。

「十五夜」もその１つで、今でも全国的に「お月見」がおこなわれています。

十五夜は、実は、中国から伝わったものですが、かつて旧暦の９月13日におこなわれていた「十三夜（後の月）」とよばれる観月の行事は、日本固有の習慣でした。

これは、満月にはまだならない、少し欠けた月の姿に趣を感じる日本人らしい感性によるものだといわれています。

満月でない理由

中秋の名月が満月でないことがあるのは、次の理由からです。

旧暦の１日は「新月（朔）」の日からはじまり、15日は、新月の14日後となります。ところが、月の軌道や地球の軌道が楕円である関係で、新月から満月になるまでにかかる日数には、２日ほどの幅（平均で約14.76日）があるため、かならずしも新月から14日後に「満月（望）」になるわけではないのです。

もっとくわしく　「中秋」「仲秋」

「中秋」は「仲秋」と書くこともある。それは、四季（春夏秋冬）がそれぞれ3か月ずつとなり、その3か月のうちでは、順に「初・仲（中）・晩」とよぶことによる。春（1月・2月・3月）は、初春・仲春・晩春となり、秋（7月、8月、9月）では、初秋・仲（中）秋・晩秋となる。一般に「仲秋」は、秋の半ばのひと月、すなわち8月をさし、「中秋」は、そのど真ん中の8月15日をさす。このため、「中秋の名月」は、普通「中秋」と書くが、「仲秋」と書いても間違いではないと考えられる。

PART 3

月と日本人の心象風景

日本人は万葉の昔から月の姿をさまざまな言葉で表現してきました。月の美しさはもとより、満ち欠けの姿のはかなさを愛でるようになりました。

1 古典の鑑賞と暦のちがい

現代にくらす日本人が古典を鑑賞するには、旧暦（太陰太陽暦→p17）と新暦（太陽暦→p16）のちがいをよく理解しなければなりません。なぜなら、新暦が実際の季節の様子とずれているからです。

日付と月の見え方

旧暦では、日付と月の見え方が一致しています。このため、3日に見える月は「三日月」となり、15日に見えるのは「十五夜（満月）」となっています。

ですから、古典に出てくる日付からは、月がどんな形をしていて、その夜がどれくらい明るかったかなど、容易に読みとることができます。

提供：アフロ

日本最古の物語といわれる『竹取物語』は、「月」が重要な題材となっている。上の絵は、かぐや姫が月に帰るところ。

旧暦と新暦の関係

ところが、新暦の日付で古典のなかに出てくる月を考えてしまうと、その日の月がどんな形をしているのか、その夜がどれくらいの明るさなのかなど、想像するのがなかなか難しいようです。なぜなら、新暦の日付が実際の季節の様子とずれているからです。このことは、42～43ページで解説した「七夕（7月7日）」や「中秋の名月」の状況からもわかります。

旧暦と新暦の月のずれ方は、おおむね下の表の通りです。

旧暦		新暦
1月～3月	春	3月～5月
4月～6月	夏	6月～8月
7月～9月	秋	9月～11月
10月～12月	冬	12月～2月

2 「歳時記」に見る月

昔から日本人は、時には心象風景（→p14）を、一日ごとに変化する月に関連する言葉をつかって豊かに表現してきました。
「歳時記」のなかには、そんな日本人の感性を見ることができます。

「歳時記」

「歳時記」は、古来からの四季折々の季節の言葉を集約した、俳句の実践的用語集。一年の行事、折々の風物などを集めて、四季または月順に列挙し、解説を加えています。

俳句において用いられる特定の季節をあらわす言葉を、「季語」といいます。日本人は季語から美しい四季のうつろいを感じとることができるのです（→p46）。

一般に「歳時記」は、時候、天文、地理、人事、行事、動物、植物に分類されています。

『オールカラー　よくわかる俳句歳時記』（ナツメ社）

『新版・俳句歳時記　第五版』（雄山閣）

3 季語が広げる俳句の世界

俳句は季語を１つ詠みこむことから、「季節感の文学」ともいわれます。
俳句を味わうには、季節をとらえることが何よりも大切です。
「月」に関連した季語から感じられる季節感は、ぜひ知っておきたいものです。

月に関連する季語と俳句

月に関連した季語のなかから、四季の季語の季節感を味わってみましょう。

春

外にも出よ　触るるばかりに　春の月　　中村汀女

【春の月】月光がぼんやりとにじんだ月（朧月）。

夏

市中は　物のにほひや　夏の月　　凡兆

【夏の月】暑い夜の月。

秋

父がつけし　わが名立子や　月を仰ぐ　星野立子

【月】月とだけいえば、秋の月をさす。

三日月の　白魚生るる　頃ならん　正岡子規

【三日月】各月の３日の月や上弦、下弦の細い月もいう。

待宵の　地酒芳し　島泊り　澤田緑生

【待宵】待宵の月。旧暦８月14日の月。翌日の名月を待つ思い。

名月や　浪速に住んで　橋多し　夏目漱石

【名月】旧暦８月15日、仲秋の名月。

人それぞれ　書を読んでいる　良夜かな　山口青邨

【良夜】月の明るい夜のこと（とくに十五夜をいう）。

川上は　無月の水の　高さかな　高浜虚子

【無月】旧暦８月15日の月が雲にかくれて見えないこと。

泊る気で　ひとり来ませり　十三夜　与謝蕪村

【十三夜】旧暦９月13日の名月のこと。

十五夜に　手足ただしく　眠らんと　西東三鬼

【十五夜】旧暦８月15日の名月のこと。

ベンチみな　白し十六夜の　月上る　山口青邨

【十六夜】旧暦８月16日の名月のこと。

古き沼　立待月を　上げにけり　富安風生

【立待月】旧暦８月17日の名月のこと。

冬

寒月を　一寸仰いで　さっさと行く　加倉井秋を

【寒月】寒気のなかの凍るような月。

※ふりがなは編集者による。

もっとくわしく　季語としての「月」

「春の月」「梅雨の月」「夏の月」「冬の月」「寒月」などは、それぞれの季節の季語となっているが、ただ「月」とだけいえば、秋の月をさす。秋は、夜空がすみわたり、月がことさらに明るく美しく輝くからだといわれている。

4 『小倉百人一首』の月の歌

『小倉百人一首』とは、藤原定家が京都にある小倉山の山荘で、天智天皇から順徳院までの100人の歌人がつくった和歌を、一人一首ずつ選んだとされるものです。現在「百人一首」といえば、この『小倉百人一首』をさします。

藤原定家

藤原定家（1162〜1241年）は鎌倉時代初期の公家・歌人で、「ていか」と音読みされることもあります。幼少期より、歌人として朝廷につかえた父、藤原俊成から和歌の指導を受け、才能をのばしました。

定家が、宇都宮頼綱の依頼ですぐれた歌をえらんだ歌集が、『小倉百人一首』だといわれています。

百人一首

江戸時代以降、百人一首は一般の人たちに「かるた」として親しまれてきました。

百人一首には、秋をうたった作品が多く見られます。とくに月の歌は、12首あります。

天空に燦然として輝く月に、ときに悲しみを、ときに切ない恋心や望郷の思いをこめて、五七五七七のリズムに乗せて心象風景をあらわしました。

ここでは、鑑賞しやすい6首を紹介します。

天の原　ふりさけ見れば　春日なる
三笠の山に　出でし月かも

大きく広がる空を仰ぎ、遠くを見渡してみると月が浮かんでいる。あの月は故郷の春日の三笠山にのぼっていた月と同じなのだなあ。

安倍仲麿（698〜770年）

遣唐使として唐に留学し、唐の大詩人李白や王維と親しくなる。日本への帰国時、暴風雨で舟が漂着し、結局唐で一生を終えた。

月みれば　千々に物こそ　悲しけれ
わが身一つの　秋にはあらねど

秋の月を一人眺めるとなぜか悲しい。天にかがやく秋の月、私一人だけに秋がやってきたわけではないのに。

大江千里（生没年未詳）

学者であった大江音人の子。漢詩文の知識があり、白楽天の詩句を題にして歌を詠むという試みをしている。この歌集を『句題和歌』という。

朝ぼらけ　有明の月と　見るまでに
よしのの里に　降れる白雪

夜が明けていくころに外を見たら、有明の月が出たのかと思うほどに、吉野の里に真っ白い雪がふりつもっている。

坂上是則（生没年未詳）

8世紀に奥州平定をなしとげた坂上田村麻呂の子孫といわれている。『古今集』の代表的歌人。

巡りあひて　見しや夫とも　わかぬまに
雲がくれにし　夜半の月かな

せっかく久しぶりに会えたのに、あなたかどうか確認できないほどあっという間にあわただしく帰ってしまい、まるでまたたく間に雲にかくれてしまった夜の月のようであることよ。

紫式部（970?～1016?年）

藤原兼輔の曾孫にあたる。夫・藤原宣孝の死後に一条天皇の中宮（彰子）のもとで宮づかえをする。『源氏物語』の作者。

秋風に　棚引く雲の　絶間より
もれ出づる月の　影のさやけさ

秋風に吹かれて雲がたなびき、雲の切れ間からこぼれてとどく月の光の透明なことよ。

左京大夫顕輔（1090～1155年）

藤原顕輔。歌壇のリーダーとして1151年に『詞花集』を撰んでいる。

歎けとて　月やはものを　思はする
かこち顔なる　わが涙かな

嘆け、といって月は物思いにしずませるのか。わたしの嘆いている顔。涙が流れるのは月のせいではないのだが。

西行法師（1118～1190年）

俗名を佐藤義清といい、鳥羽院の時代は北面の武士だった。23歳で出家、漂泊の歌人となる。

5 随筆のなかの「月」

随筆は、見聞きしたことや心に浮かんだことなどを、気ままに自由な形式で書いた文章のことです。随筆にも、月を通して日本人の心象風景をあらわしたものがたくさんあります。

『枕草子』の月

現在でも京都では平安時代のころからある、月を観賞する行事がおこなわれている。

『枕草子』は、平安時代中期、一条天皇の中宮（定子）につかえた女房*、清少納言によって書かれた随筆です。そのなかに、次の文があります。

夏は夜。月のころはさらなり。
闇もなほ、ほたるの多く飛びちがひたる。
また、ただ一つ二つなど、ほのかにうち光りて行くもをかし。
雨など降るもをかし。

* 宮中で働く女性のうち、個人の部屋が与えられていた人のこと。

これを現代文にしてみると、次の通りです。

夏は夜がよい。月の出るころは一層よい。
闇でもやはり蛍が多く飛んでいるのがよい。
また一つか二つがほのかに光っていくのも趣がある。雨のふるのも趣がある。

「月のころ」というのは、月が満月に近い前後の夜で、月の明かりで、周囲の木々だけでなく遠くの景色も見渡せたことでしょう。

一方、「闇」は、月の出ていない真っ暗な夜です。この明かりのない真っ暗闇のなかに光る蛍は、さぞかし神秘的な光景だったことが想像できます。

『徒然草』の月

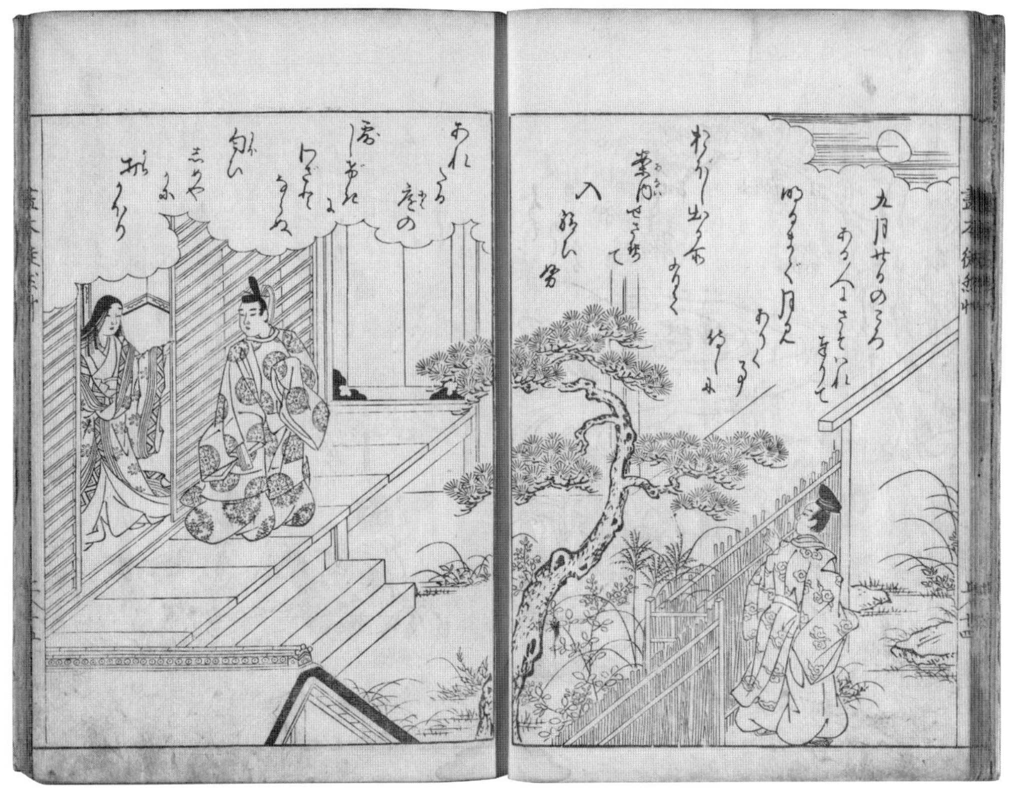

『徒然草』の第32段の場面。右上に半月に近いころの月が描かれている。

出典：国立国会図書館ウェブサイト
『絵本徒然草』（西川祐信 画、1740年）

『徒然草』は、鎌倉時代に吉田兼好が見聞きしたことなどを書きつづったとされる全244段（一説では243段）からなる随筆です。その第32段に次の文があります。

九月廿日の比、ある人に誘はれ奉りて、明くるまで月見歩く事侍りしに、思し出づる所ありて、案内せさせて入り給ひぬ。荒れたる庭の露しげきに、わざとならぬ匂ひ、しめやかにうちかをりて、忍びたるけはひ、いともののあはれなり。

九月二十日のころに、とあるお方にお誘いいただいて、夜明けまで月を見て歩いたことがありましたが、（その途中でこの方は）思い出しなさるところがあって（従者に）取次ぎをさせて（その家に）入っていかれました。（兼好法師がなかをのぞいて見ると）荒れている庭には露がたくさんおりて、（客が来たからといって）わざわざ用意したようでもない（常日ごろ自然とたいているであろう）お香の匂いがしっとりとただよって、（この家の人が）ひっそりとくらしているという様子にとても趣を感じました。

旧暦の９月20日ごろは、満月を過ぎて半月に近づきつつある月で、夜遅くに東の空にのぼりはじめます。比較的明るく、人びとが好んで眺めていたことがうかがわれます。

巻末資料

月の基本情報

『月学～伝説から科学へ』の最後は、
月に関する基礎知識を
まとめておきます。
これらについては覚えておくと
よいでしょう。
忘れたら、このページを開きましょう。

名称

「月」は英語で moon。その語源はインド－ヨーロッパ語族の「測るもの」を意味する mens。また、イタリア語やスペイン語などでは、lunaがつかわれている。

大きさ

直径は平均で3475.8 km、表面積が3800万km^2。
質量は、地球に対して0.0123倍の7.347673×10^{22} kg、平均密度3.344 g/cm^3。

地球からの距離

約38万 km（近地点距離36万3304km、遠地点距離40万5495km）。これは、地球の赤道を1周すると約4万 kmであるので、地球の赤道のまわりを9周半したくらいの距離にあたる。平均公転半径は、38万4400km。公転周期と自転周期は、ともに27.322日。

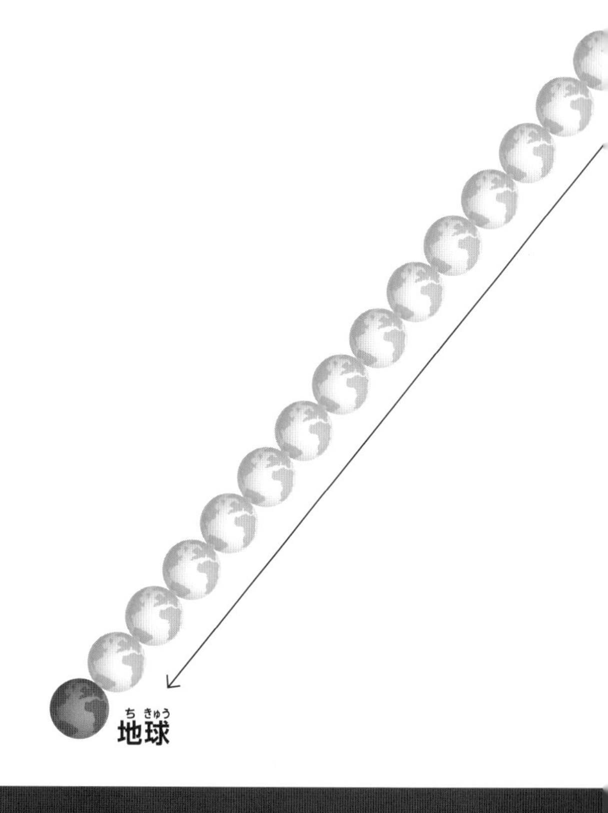

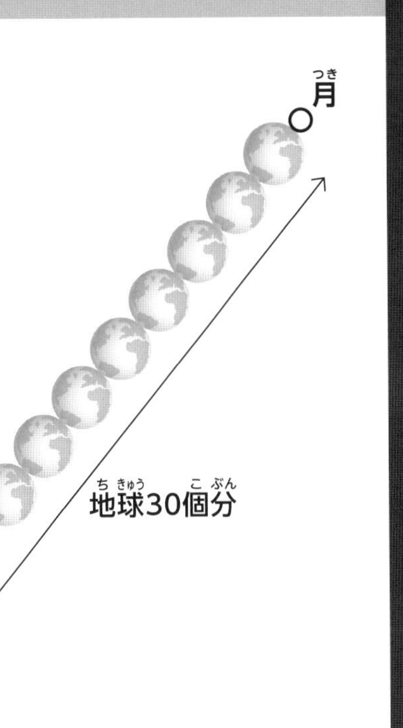

表面重力

地球の6分の1
（1.622メートル毎秒）

光度

月の明るさは月齢によって異なるが、満月がもっとも明るく、－12.7等級。

表面温度（赤道付近）

最低 －170℃
最高 110℃

月の満ち欠け周期

29.5日

さくいん・用語解説

● 監修／縣 秀彦（あがた ひでひこ）
1961年長野県生まれ。自然科学研究機構国立天文台准教授・天文情報センター普及室長。専門は天文教育（教育学博士）。東京学芸大学大学院教育学研究科理科教育専攻修了。東京大学附属中高教諭などを経て、現職。著書に『地球外生命は存在する！ 宇宙と生命誕生の謎』（幻冬舎）、『宇宙の不思議 太陽系惑星から銀河・宇宙人まで』『面白くて眠れなくなる天文学』（共にPHP研究所）など多数。

● 著／稲葉 茂勝（いなば しげかつ）
1953年東京都生まれ。大阪外国語大学、東京外国語大学卒業。子ども向けの書籍のプロデューサーとして多数の作品を発表。自らの著作は、『世界の言葉で「ありがとう」ってどう言うの？』（今人舎）など。国際理解関係を中心に著書・翻訳書の数は80冊以上にのぼる。2016年9月より「子どもジャーナリスト」として、執筆活動を強化しはじめた。

● 絵／ウノ・カマキリ
1946年愛知県生まれ。日本テレビジョンのアニメーターを経て、イラストレーターとして独立。「平凡パンチ」などさまざまな媒体で、風刺漫画、ユーモア漫画を中心にひとコマ漫画家として活動。代表作に『き』、「落画」シリーズなど。著書に『太一さんの戦争』（今人舎）など。1991年および2011年に日本漫画家協会賞・大賞受賞。2016年現在、日本漫画家協会常務理事、「私の八月十五日の会」評議員。

● 編集・デザイン／こどもくらぶ（デザイン担当：長江知子・編集担当：木矢恵梨子）
「こどもくらぶ」は、あそび・教育・福祉分野で、子どもに関する書籍を企画・編集しているエヌ・アンド・エス企画編集室の愛称。これまでの作品は1000タイトルを超す。

● 制作／（株）エヌ・アンド・エス企画

● 写真協力
表紙写真：NASA 、裏表紙写真：NASA/GSFC/Arizona State University
P2：NASA、P2-3：NASA Goddard Scientific Visualization Studio/Ernie Wright、P3：NASA、P4：NASA、P5：NASA/GSFC/Arizona State University、P12-13：trikehawks / PIXTA、P19：Beboy-Fotolia.com、P20：NASA,ESA, M. Robberto (Space Telescope Science Institute/ESA) and the Hubble Space Telescope Orion Treasury Project Team、P22：laflore / PIXTA、P27: カワグチツトム / PIXTA、P29：oliverhuitson-Fotolia.com、P30：NASA、P45: マハロ / PIXTA、P46：晋一不破 -Fotolia.com、P50：Hiroko / PIXTA、P48-49：奥野かるた店（かるた協力）

● 参考資料
『こども天文検定 1 月と太陽』（ほるぷ出版）、『ジュニアサイエンス これならわかる！科学の基礎のキソ 暦』『ジュニアサイエンス これならわかる！科学の基礎のキソ 宇宙』（共に丸善出版）、“Apollo Flight Journal”(NASA)

この本の情報は、2017年6月までに調べたものです。今後変更になる可能性がありますのでご了承ください。

月学 伝説から科学へ　NDC446

2017年8月8日 第1刷

著　／稲葉茂勝
発行者／中嶋舞子
発行所／株式会社 今人舎
〒186-0001 東京都国立市北1-7-23 TEL 042-575-8888 FAX 042-575-8886
E-mail nands@imajinsha.co.jp URL http://www.imajinsha.co.jp
印刷・製本／瞬報社写真印刷株式会社

 ISBN978-4-905530-68-8 Printed in Japan 56p 26cm

定価はカバーに表示してあります。落丁本、乱丁本はお取り替えいたします。

もう一度探しにいくので
火を焚いて待っていてほしい。
ウサギは手ぶらで
帰ってきました。
ウソつきだ　ウソつきだ